定期テスト ズバリよくでる 数学 2年 大日本図

もくじ

取り外してお使いください 赤シート+直前チェックBOOK,別冊解答

※全国の定期テストの標準的な出題範囲を示しています。学校の学習進度とあわない場合は,「あなたの学校の出題範囲」欄に出題範囲を書きこんでお使いください。

Step 1 基本チェック 1節 式と計算

15分

教科書のたしかめ [ ]に入るものを答えよう！

1節 式と計算 ▶教 p.14-28 Step 2 ❶-⓫

解答欄

□ (1) 単項式（たんこうしき） $-3a^2b$ の係数は[-3]，次数は a が2個，b が1個かけられているので[3]である。 (1)

□ (2) xy の次数（じすう）は[2]である。 (2)

□ (3) 多項式（たこうしき） $5xy-2y+4$ の項は $5xy$，[$-2y$]，[4]で，xy の係数は[5]，y の係数は[-2]である。また，次数は各項の次数のうち，もっとも大きいものとなるので[2]である。 (3) ／ ／

□ (4) x^2-7 の項は[x^2]，[-7]で，定数項（ていすうこう）は[-7]である。 (4) ／ ／

□ (5) $x+3y^2-8+y^2$ の同類項（どうるいこう）は[$3y^2$]，[y^2]である。 (5) ／

□ (6) $5ab-2ab$ で，同類項をまとめると，[$3ab$]である。 (6)

□ (7) $(5x+2y)-(3x-4y)=5x+2y-$[$3x$]$+$[$4y$]
$=5x-$[$3x$]$+2y+$[$4y$]
$=$[$2x+6y$] (7) ／ ／

□ (8) $2x^2\times4x=2\times x^2\times4\times x=2\times4\times x^2\times x=$[$8x^3$] (8)

□ (9) $(-3x)^3=(-3x)\times(-3x)\times(-3x)=$[$-27x^3$] (9)

□ (10) $18x^2\div6x=\dfrac{18x^2}{6x}=$[$3x$] (10)

□ (11) $\left(-\dfrac{1}{2}xy\right)\div\left(-\dfrac{1}{6}x\right)=\left(-\dfrac{1}{2}xy\right)\times($[$-\dfrac{6}{x}$]$)=$[$3y$] (11) ／

□ (12) $3(3x+2)=3\times3x+3\times2=$[$9x+6$] (12)

□ (13) $(10x-30y)\div5=\dfrac{10x-30y}{5}=\dfrac{10x}{5}-\dfrac{30y}{5}=$[$2x-6y$] (13)

□ (14) $4(-x+2y)-3(2x+4y)=-4x+$[$8y$]$-6x-$[$12y$]
$=-4x-6x+$[$8y$]$-$[$12y$]
$=$[$-10x-4y$] (14) ／ ／

□ (15) $x=3$，$y=-1$ のとき，式 $2x+5y$ の値は，
$2\times3+5\times($[-1]$)=$[1] (15) ／

教科書のまとめ ＿＿ に入るものを答えよう！

□ 項が1つだけの式を 単項式 といい，項が2つ以上ある式を 多項式 という。

□ 多項式の項で，文字をふくまない項を 定数項 という。

□ 単項式で，かけ合わされている文字の個数を，その単項式の 次数 という。

□ 多項式の各項のうちで，次数が最も高い項の次数を，その多項式の 次数 という。

□ 多項式の項の中で，同じ文字が同じ個数だけかけ合わされている項どうしを 同類項 という。

Step 2 **予想問題** 1節 式と計算

1ページ 30分

【単項式と多項式①】

❶ 次の式は単項式ですか。多項式ですか。

□(1) $2x-3y$ ( )　　□(2) $6p^2q^3$ ( )

【単項式と多項式②(多項式の次数)】

❷ 次の式は，それぞれ何次式ですか。

□(1) $6x+1$ ( )　　□(2) $3x+2y^2-4$ ( )

□(3) $-7x^3$ ( )　　□(4) $3-5ab$ ( )

【同類項】

よく出る

❸ 次の計算をしなさい。

□(1) $xy-3+4xy$ ( )　　□(2) $-2ab+6ab$ ( )

□(3) $-2a^2+3a^2$ ( )　　□(4) $2x-5y+x-4y$ ( )

□(5) $2x^2-5x-x^2+2$ ( )　　□(6) $-a+\frac{1}{6}b+2a-\frac{1}{3}b$ ( )

【多項式の加法，減法①(多項式の加法)】

❹ 次の計算をしなさい。

□(1)
$$\begin{array}{r} 3a-5b \\ +)\ -4a+2b \\ \hline \end{array}$$
( )

□(2)
$$\begin{array}{r} -4x+6y \\ +)\ -3x-\ y \\ \hline \end{array}$$
( )

□(3) $(9a-8b)+(-5a-2b)$ ( )

□(4) $(3x-2y+1)+(-3x+5y-2)$ ( )

ヒント

❶ 項が1つだけの式を単項式，2つ以上の式を多項式といいます。

❷ 次数が1の式を1次式，次数が2の式を2次式といいます。

❸ 分配法則 $ac+bc=(a+b)c$ を使って同類項をまとめます。

ミスに注意 文字が同じでも a と a^2 や，xy と xy^2 などは同類項ではないので注意しましょう。

❹ 多項式の加法は式の各項を加え，同類項をまとめればよいです。

テスト得ダネ 多項式の加法も，かっこをはずせば同類項をまとめる問題になります。

【多項式の加法，減法②(多項式の減法)】

5 次の計算をしなさい。

□(1)
$$\begin{array}{r} 4a+6b \\ -)\ -2a-3b \\ \hline \end{array}$$
( )

□(2)
$$\begin{array}{r} 7x-2y \\ -)\ 9x-8y \\ \hline \end{array}$$
( )

□(3) $(3x-2y)-(x+4y)$ ( )

□(4) $(2x^2-x+5)-(-x^2+4x-2)$ ( )

【単項式と単項式との乗法，累乗の計算をふくむ単項式の乗法】

6 次の計算をしなさい。

□(1) $-2y\times3x$ ( )

□(2) $-3x\times4x^2$ ( )

□(3) $(-5a)^2$ ( )

□(4) $(-4x^2)\times(-2x)$ ( )

【単項式を単項式でわる除法①】

7 次の計算をしなさい。

□(1) $6xy\div2x$ ( )

□(2) $18ab^2\div(-3b)$ ( )

□(3) $12x^3\div(-4x^2)$ ( )

□(4) $-7xy^3\div\left(-\dfrac{14}{9}y^2\right)$ ( )

【単項式を単項式でわる除法②(乗法と除法の混じった計算)】

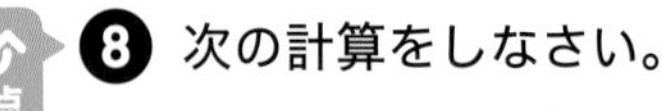

点UP **8** 次の計算をしなさい。

□(1) $10x^2\times y\div(-5x^2)$ ( )

□(2) $3x^2y\div2x^2\times(-3y)$ ( )

□(3) $14ab\div\left(-\dfrac{2}{7}a\right)\times\left(-\dfrac{4}{7}b\right)$ ( )

□(4) $-\dfrac{3}{2}x^3\div\left(-\dfrac{1}{2}x^2\right)\div\dfrac{1}{3}x$ ( )

ヒント

5
(3)(4)かっこをはずし，同類項をまとめます。

ミスに注意
減法でひく式のかっこをはずすとき，かっこ内の各項の符号を変え忘れないようにしましょう。

6
単項式と単項式との乗法は，係数の積と文字の積をそれぞれ求めて，それらをかけます。

7
除法は，分数の形にしたり，わる式の逆数をかける形にしたりして計算します。

8
まず全体が＋か－かを考え，分数の形にして計算します。

[解答▶p.1-2]

【多項式と数との計算】

よく出る

9 次の計算をしなさい。

□(1) $8(x+2y)$　　□(2) $-(6a-8b^2-1)$

(　　　　) (　　　　)

□(3) $(27ab-18c^2)\div(-9)$　　□(4) $(12x^2-8y)\div\frac{4}{5}$

(　　　　) (　　　　)

□(5) $2(a-5b)+3(a-b)$　　□(6) $6(x-3y)-4(-3x+4y)$

(　　　　) (　　　　)

□(7) $\frac{2x-y}{2}+\frac{-x+2y}{3}$　　□(8) $\frac{3a-2b}{4}-\frac{5a-3b}{6}$

(　　　　) (　　　　)

【式の値①】

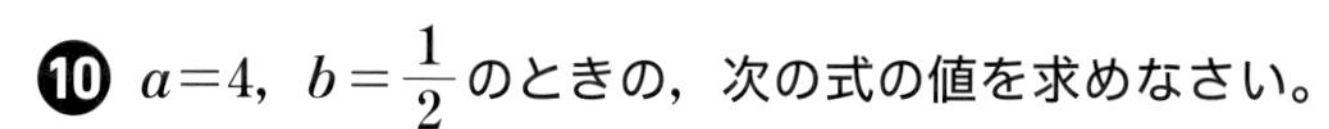

10 $a=4$, $b=\frac{1}{2}$ のときの，次の式の値を求めなさい。

□(1) $3a+4b$　　□(2) $-2a-6b$

(　　　　) (　　　　)

□(3) $5a^2b$　　□(4) $-8ab^2$

(　　　　) (　　　　)

【式の値②】

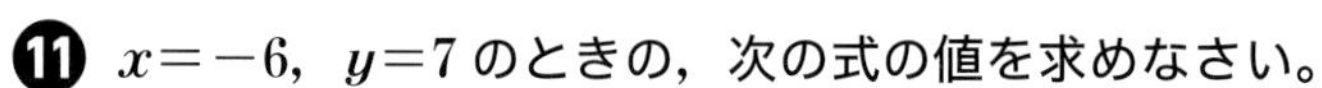

11 $x=-6$, $y=7$ のときの，次の式の値を求めなさい。

□(1) $5(2x+3y)-(-5x+7y)$　　□(2) $-x^3\div(-x^2y)$

(　　　　) (　　　　)

ヒント

9
分配法則
$a(b+c)=ab+ac$
$(b+c)a=ba+ca$
を使って，かっこをはずして計算します。

テスト得ダネ
多項式に数をかけたり，多項式を数でわる問題は，かっこをはずすときのかけ忘れ，わり忘れのミスが多いです。

10
× の記号を使って式を表します。

11
式を簡単にしてから x, y の値を代入します。

ミスに注意
負の数を代入するときは，(　)をつけて代入しましょう。

1章

Step 1 基本チェック　2節 式の利用／3節 関係を表す式

15分

教科書のたしかめ　[ ]に入るものを答えよう！

2節 式の利用　▶ 教 p.29-33　Step 2 ❶-❸

解答欄

□(1) 右の図の長方形ABCDを，辺ABを軸(じく)として1回転させてできる立体①は，底面の半径が[$4a$]cmで，高さが[$3a$]cmの円柱になるので，体積は，

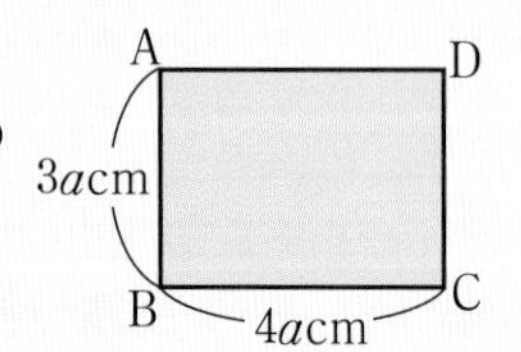

$\pi\times(4a)^2\times$[$3a$]$=\pi\times16a^2\times$[$3a$]

$=$[$48\pi a^3$](cm^3)

また，辺BCを軸として1回転させてできる立体②は，底面の半径が[$3a$]cmで，高さが[$4a$]cmの円柱になるので，体積は，

$\pi\times(3a)^2\times$[$4a$]$=\pi\times9a^2\times$[$4a$]

$=$[$36\pi a^3$](cm^3)

(1)

□(2) 立体①，②で，体積が大きいのは[①]である。　(2)

□(3) 奇数(きすう)を，整数 m を使って表すと，[2]$m+1$ である。　(3)

□(4) 連続する3つの整数は，真ん中の数を n で表すと，[$n-1$]，n，[$n+1$]と表せる。　(4)

3節 関係を表す式　▶ 教 p.34-35　Step 2 ❹

□(5) $4x+y=9$ を，y について解きなさい。

$4x$ を移項(いこう)して，[$y=-4x+9$]　(5)

□(6) $V=\frac{1}{3}Sh$ を，h について解きなさい。

両辺を入れかえて，[$\frac{1}{3}Sh$]$=V$　(6)

両辺に，$\frac{3}{S}$ をかけて，$h=$[$\frac{3V}{S}$]

教科書のまとめ　＿＿に入るものを答えよう！

□ n を整数とすると，3の倍数は $3n$，5の倍数は $5n$ と表される。

□ n を整数とすると，偶数(ぐうすう)は，$2\times$(整数)の形に表されるので，$2\times n=$ $2n$，奇数は，$2n+1$ または，$2n-1$ と表される。

□ m，n が整数のとき，$2(m+n)$ は 偶数，$2(m+n)+1$ は 奇数 を表す。

□ 十の位の数が a，一の位の数が b である2けたの整数は，$10a+b$ と表され，十の位の数と一の位の数を入れかえてできる数は，$10b+a$ と表される。

□ x をふくむ等式を変形して x の値を求める式を導くことを，x について解く という。

Step 2 予想問題 2節 式の利用／3節 関係を表す式

1ページ 30分

【式の利用①(数量の調べ方)】

❶ 右の図の三角形 ABC は，AB＝$3a$ cm，BC＝$2a$ cm，∠B＝90°の三角形である。三角形 ABC を，辺 AB を軸として1回転させてできる立体を㋐，辺 BC を軸として1回転させてできる立体を㋑とする。

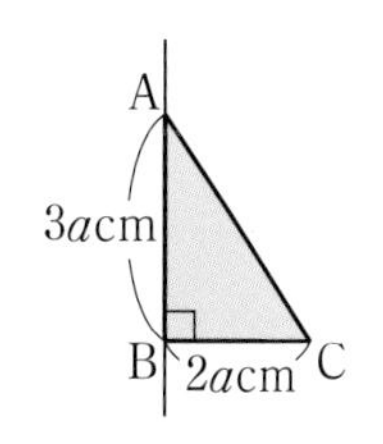

□(1) 立体㋐，㋑の体積をそれぞれ求めなさい。

立体㋐（　　　　），立体㋑（　　　　）

□(2) 立体㋐，㋑の体積は，どちらがどれだけ大きいですか。

（　　　　）

【式の利用②(数の性質を調べよう①)】

❷ 奇数から奇数をひいた差は，偶数であることを，文字を使って説明しなさい。

【式の利用③(数の性質を調べよう②)】

❸ 十の位の数が0でない3けたの自然数を A，A の百の位の数と十の位の数を入れかえてできる自然数を B とする。このとき，$A-B$ は90の倍数になることを説明しなさい。

【関係を表す式(等式の変形)】

❹ 次の式を，［　］内の文字について解きなさい。

□(1) $x-2y=1$　$[y]$　　□(2) $\ell=2(a+b)$　$[a]$

（　　　　）　（　　　　）

ヒント

❶
(1)立体㋐，㋑は，三角形を回転させてできる円錐です。

❷
整数 m，n を使うと，2つの奇数は $2m+1$，$2n+1$ と表されます。

ミスに注意
2つの整数のように，関係のない2数の場合は，2つの文字を使って表します。

❸
A を $100x+10y+z$，B を $100y+10x+z$ と表します。

テスト得ダネ
数の性質の問題はよく出ます。文字式の表し方，説明のしかたに慣れましょう。

❹
(1)x を移項し，y の係数でわります。
(2)両辺を入れかえて，2でわります。

［解答▶p.3-4］

Step 3 予想テスト 1章 式と計算

30分　／100点　目標 80点

1 次の式は，それぞれ何次式ですか。知　8点(各4点)

□(1) a^2+abc

□(2) $-xy^4$

2 次の計算をしなさい。知　24点(各4点)

□(1) $5x-3y-2x+4y$

□(2) $b^2-3b+5b-4b^2$

□(3) $(4x^2+3x)+(-5x^2-6x)$

□(4) $(2.8a-b)+(1.2a+4b)$

□(5) $(2x-3y)-(-3y+5x)$

□(6) $\left(2a-\frac{1}{3}b\right)-\left(7a+\frac{1}{6}b\right)$

3 次の計算をしなさい。知　16点(各4点)

□(1) $2a\times 3b$

□(2) $24xy\div(-4x)$

□(3) $-5x^3\div\frac{5}{3}x$

□(4) $\frac{1}{3}x^2y\div(-2x)\times 12y$

4 次の計算をしなさい。知　16点(各4点)

□(1) $3(2x-y)$

□(2) $(15x^2-9x+12)\div 3$

□(3) $4(a-2b)-3(a-3b)$

□(4) $\frac{5a-b}{3}+\frac{a+b}{2}$

5 $x=\frac{1}{2}$，$y=-3$ のときの，次の式の値を求めなさい。知　8点(各4点)

□(1) $6x^2y$

□(2) $4(2x-y)-(x+2y)$

6 連続する 2 つの奇数の和は，4 の倍数であることを，文字を使って説明しなさい。考　7点

□

7 □ 底辺が $6x$ cm, 高さが $4y$ cm の三角形があります。この三角形の底辺を $\frac{1}{2}$ にし，高さを 3 倍にすると，三角形の面積はもとの何倍になりますか。考　6 点

点UP **8** 右の図は，底辺の長さが a cm，高さが h cm の三角形である。面積を S cm^2 として，次の(1)～(3)に答えなさい。知 考　15 点(各 5 点)

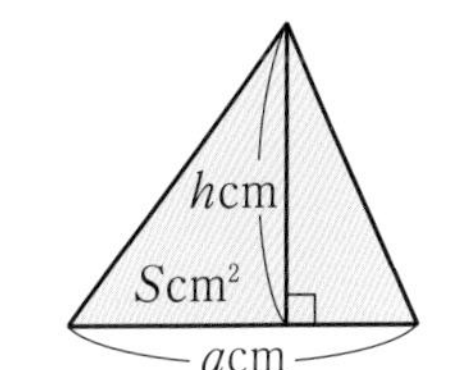

□(1)　面積 S を a，h を使った式で表しなさい。

□(2)　(1)の式から，高さを求める式を導きなさい。

□(3)　(2)の式を使って，面積が 18 cm^2，底辺の長さが 4 cm の三角形の高さを求めなさい。

1	(1)	(2)	
2	(1)	(2)	(3)
	(4)	(5)	(6)
3	(1)	(2)	(3)
	(4)		
4	(1)	(2)	(3)
	(4)		
5	(1)	(2)	
6			
7			
8	(1)	(2)	(3)

[解答▶p.4-5]

Step 1 基本チェック 1節 連立方程式 2節 連立方程式の解き方

15分

教科書のたしかめ [ ]に入るものを答えよう！

1節 連立方程式

▶ 教 p.42-44 Step 2 ❶❷

解答欄

□ (1) 次の㋐〜㋒の中で，2元1次方程式 $2x+3y=12$ の解は，[㋒]

㋐ $\begin{cases} x=4 \\ y=2 \end{cases}$ ㋑ $\begin{cases} x=3 \\ y=4 \end{cases}$ ㋒ $\begin{cases} x=3 \\ y=2 \end{cases}$

(1)

□ (2) 次の㋐〜㋒の中で，連立方程式 $\begin{cases} x-y=-1 \\ x+y=7 \end{cases}$ の解は，[㋑]

㋐ $\begin{cases} x=4 \\ y=2 \end{cases}$ ㋑ $\begin{cases} x=3 \\ y=4 \end{cases}$ ㋒ $\begin{cases} x=3 \\ y=2 \end{cases}$

(2)

2節 連立方程式の解き方

▶ 教 p.45-55 Step 2 ❸-❽

□ (3) 連立方程式 $\begin{cases} x+4y=6 & \cdots\cdots① \\ 2x+5y=3 & \cdots\cdots② \end{cases}$ を加減法で解きなさい。

①×2 $2x+8y=12$ ……①′

①′−② $3y=$[9] $y=$[3]

①に代入して，$x+4\times3=6$ $x=$[−6]

答 $\begin{cases} x=[\ -6\ ] \\ y=[\ 3\ ] \end{cases}$

(3)

□ (4) 連立方程式 $\begin{cases} 2x+y=3 & \cdots\cdots① \\ 3x-2y=22 & \cdots\cdots② \end{cases}$ を代入法で解きなさい。

① を y について解くと，$y=$[$3-2x$] ……①′

①′ を ② に代入して，$3x-2(3-2x)=22$ $x=$[4]

①′ に代入して，$y=$[−5]

答 $\begin{cases} x=[\ 4\ ] \\ y=[\ -5\ ] \end{cases}$

(4)

□ (5) 連立方程式 $5x+y=-3x+5y=7$ を解きなさい。

$\begin{cases} 5x+y=7 \\ [\ -3x+5y\ ]=7 \end{cases}$ これを解く。

答 $\begin{cases} x=[\ 1\ ] \\ y=[\ 2\ ] \end{cases}$

(5)

教科書のまとめ ＿＿に入るものを答えよう！

□ $2x+3y=12$ のように，2つの文字をふくむ等式を，x，y についての 2元1次方程式 といい，方程式 $2x+3y=12$ を成り立たせる x，y の値の組を，方程式 $2x+3y=12$ の 解 という。

□ 2つの2元1次方程式を組にしたものを 連立方程式 という。

□ 2つの2元1次方程式を同時に成り立たせる x，y の組を，連立方程式の 解 といい，解を求めることを，連立方程式を 解く という。

□ 連立方程式を解くのに，左辺と左辺，右辺と右辺をそれぞれ加えたりひいたりして，1つの文字を消去する方法を 加減法 ，代入によって1つの文字を消去する方法を 代入法 という。

Step 2 予想問題　1節 連立方程式　2節 連立方程式の解き方

1ページ 30分

【2元1次方程式とその解】

1 ペンを28本買うのに，4本組と3本組をそれぞれ x 個，y 個買うとき，次の(1)，(2)に答えなさい。

□(1) x，y の関係を2元1次方程式で表しなさい。

(　　　　)

□(2) (1)の方程式を成り立たせる自然数 x，y の値の組 (x, y) は全部で何個ありますか。

(　　　　)

【連立方程式とその解】

2 次の㋐～㋓の中で，連立方程式 $\begin{cases} x+y=20 \\ x-y=8 \end{cases}$ の解はどれですか。

□

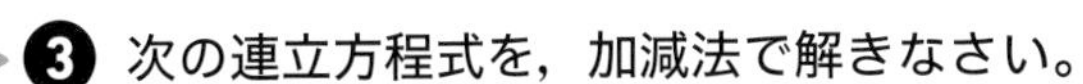

㋐ $\begin{cases} x=12 \\ y=8 \end{cases}$　㋑ $\begin{cases} x=15 \\ y=5 \end{cases}$　㋒ $\begin{cases} x=16 \\ y=4 \end{cases}$　㋓ $\begin{cases} x=14 \\ y=6 \end{cases}$

(　　　　)

【連立方程式の解き方①(加減法)】

よく出る

3 次の連立方程式を，加減法で解きなさい。

□(1) $\begin{cases} x+y=9 \\ -x+y=1 \end{cases}$

$\begin{cases} x=(\quad) \\ y=(\quad) \end{cases}$

□(2) $\begin{cases} 2x-5y=9 \\ 4x+5y=3 \end{cases}$

$\begin{cases} x=(\quad) \\ y=(\quad) \end{cases}$

□(3) $\begin{cases} 4x-3y=9 \\ 3x-5y=4 \end{cases}$

$\begin{cases} x=(\quad) \\ y=(\quad) \end{cases}$

□(4) $\begin{cases} 3x-5y=21 \\ -4x+3y=-17 \end{cases}$

$\begin{cases} x=(\quad) \\ y=(\quad) \end{cases}$

ヒント

1

(1)4本組のペンの総数，3本組のペンの総数を考えてから，等式で表します。

(2)$x=1$，2，…と，順に代入して解を求めます。

テスト得ダネ

x は自然数なので，0や負の数は考えなくてよいです。

2

方程式を両方とも成り立たせる x，y の値を選びます。

3

どちらかの文字の係数の絶対値をそろえ，左辺と左辺，右辺と右辺をそれぞれ加えたりひいたりして，その文字を消去します。

(3)x か y の係数の絶対値を等しくします。

x の係数の絶対値を等しくする場合は，上式×3，下式×4

y の係数の絶対値を等しくする場合は，上式×5，下式×3

を考えます。

【連立方程式の解き方②(代入法)】

4 次の連立方程式を，代入法で解きなさい。

□(1) $\begin{cases} 2x+y=8 \\ y=2x \end{cases}$

$\begin{cases} x=(\quad) \\ y=(\quad) \end{cases}$

□(2) $\begin{cases} x=-3y \\ 3x+4y=10 \end{cases}$

$\begin{cases} x=(\quad) \\ y=(\quad) \end{cases}$

□(3) $\begin{cases} y=1-2x \\ 3x-2y=12 \end{cases}$

$\begin{cases} x=(\quad) \\ y=(\quad) \end{cases}$

□(4) $\begin{cases} x=y+8 \\ 3x+y=12 \end{cases}$

$\begin{cases} x=(\quad) \\ y=(\quad) \end{cases}$

【連立方程式の解き方③(かっこがある連立方程式)】

5 次の連立方程式を解きなさい。

□(1) $\begin{cases} 3x+2y=0 \\ 2(x-y)+3y=1 \end{cases}$

$\begin{cases} x=(\quad) \\ y=(\quad) \end{cases}$

□(2) $\begin{cases} 4(x-2y)=3(y+5) \\ x+y=15 \end{cases}$

$\begin{cases} x=(\quad) \\ y=(\quad) \end{cases}$

□(3) $\begin{cases} 3(x-y)+2y=7 \\ 2x-(5x-2y)=10 \end{cases}$

$\begin{cases} x=(\quad) \\ y=(\quad) \end{cases}$

□(4) $\begin{cases} x=6-y \\ 3(x+2y)-4x=1 \end{cases}$

$\begin{cases} x=(\quad) \\ y=(\quad) \end{cases}$

ヒント

4

一方の式を他方の式に代入することによって，1つの文字を消去して解きます。

$x=$～，または，$y=$～の式を，もう一方の式に代入します。

ミスに注意

代入する文字に，係数や － の符号がついているときには，かっこをつけて代入しましょう。

5

かっこをはずして，式を整理してから，加減法または代入法で解きます。

[解答▶p.6-7]

【連立方程式の解き方④(分数がある連立方程式)】

点UP

6 次の連立方程式を解きなさい。

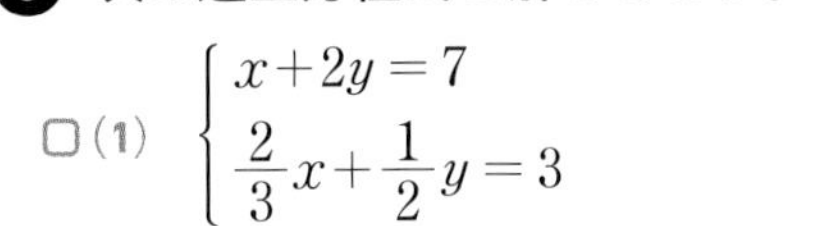

□(1) $\begin{cases} x+2y=7 \\ \dfrac{2}{3}x+\dfrac{1}{2}y=3 \end{cases}$

$\begin{cases} x=(\quad) \\ y=(\quad) \end{cases}$

□(2) $\begin{cases} -\dfrac{x}{3}+\dfrac{y}{4}=1 \\ 5x-3y=-6 \end{cases}$

$\begin{cases} x=(\quad) \\ y=(\quad) \end{cases}$

□(3) $\begin{cases} x-\dfrac{1}{3}y=6 \\ \dfrac{3}{4}x+2y=18 \end{cases}$

$\begin{cases} x=(\quad) \\ y=(\quad) \end{cases}$

□(4) $\begin{cases} \dfrac{x-3y}{5}=2 \\ \dfrac{1}{4}(3x+2y)+\dfrac{x}{3}=-\dfrac{5}{12} \end{cases}$

$\begin{cases} x=(\quad) \\ y=(\quad) \end{cases}$

【連立方程式の解き方⑤(小数がある連立方程式)】

よく出る

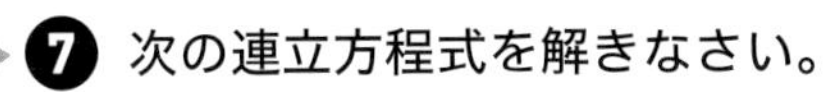

7 次の連立方程式を解きなさい。

□(1) $\begin{cases} 0.1x+0.3y=1.5 \\ 3x-5y=-11 \end{cases}$

$\begin{cases} x=(\quad) \\ y=(\quad) \end{cases}$

□(2) $\begin{cases} 2x-y=9 \\ 1.2x+0.9y=3.9 \end{cases}$

$\begin{cases} x=(\quad) \\ y=(\quad) \end{cases}$

□(3) $\begin{cases} x+y=7 \\ 0.15x+0.08y=0.84 \end{cases}$

$\begin{cases} x=(\quad) \\ y=(\quad) \end{cases}$

□(4) $\begin{cases} 0.04x-0.03y=0.02 \\ \dfrac{x}{5}+\dfrac{y}{3}=3 \end{cases}$

$\begin{cases} x=(\quad) \\ y=(\quad) \end{cases}$

【連立方程式の解き方⑥($A=B=C$の形の連立方程式)】

8 次の連立方程式を解きなさい。

□(1) $3x-y=-x+5y=7$

$\begin{cases} x=(\quad) \\ y=(\quad) \end{cases}$

□(2) $2x+3y=3x+7=6-y$

$\begin{cases} x=(\quad) \\ y=(\quad) \end{cases}$

ヒント

6

数に分数をふくむ方程式は，係数がすべて整数になるように変形します。

(1)(2)(4)係数の分母の最小公倍数を両辺にかけます。

ミスに注意

$\frac{2}{3}x+\frac{1}{2}y=3$のような式で分母をはらうとき，左辺にだけ6をかけて，

$4x+3y=3$

とするのはよくあるミスです。右辺にも忘れずに同じ数6をかけましょう。

7

係数に小数をふくむ方程式は，10，100，…などを両辺にかけて，係数を整数にします。

(1)(2)両辺を10倍します。

(3)(4)両辺を100倍します。(4)の2つ目の式は，分母の最小公倍数をかけます。

8

(1)7を右辺とする式を2つつくります。

2章

[解答▶p.7]

Step 1 基本チェック

3節 連立方程式の利用

15分

教科書のたしかめ ［ ］に入るものを答えよう！

1 連立方程式の利用

▶ 教 p.56-60 Step 2 1-10

解答欄

□(1) 1本60円の鉛筆(えんぴつ)と1本90円の鉛筆を合わせて10本買い，780円はらった。60円の鉛筆をx本，90円の鉛筆をy本買ったとして，表のあいているところをうめなさい。

1本の値段(円)	60	90	合計
本数(本)	［ x ］	［ y ］	10
代金(円)	［ $60x$ ］	［ $90y$ ］	［ 780 ］

□(2) (1)の本数の関係から方程式をつくると［ $x+y$ ］$=10$

□(3) (1)の代金の関係から方程式をつくると［ $60x+90y$ ］$=780$

これを解くと，$x=4$，$y=$［ 6 ］ 問題の答えとしてよい。

答 60円の鉛筆［ 4 ］本，90円の鉛筆［ 6 ］本

□(4) 濃度(のうど)が10%の砂糖水と5%の砂糖水を混ぜて，濃度が7%の砂糖水300gをつくるには，それぞれ何gずつ混ぜればよいか。10%の砂糖水をxg，5%の砂糖水をyg混ぜるとして，表のあいているところをうめなさい。

濃　度	10%	5%	7%
砂糖水(g)	x	y	300
砂糖(g)	$x\times\frac{10}{100}$	［ $y\times\frac{5}{100}$ ］	$300\times\frac{7}{100}$

□(5) (4)でこれらの数量の関係から連立方程式をつくりなさい。

砂糖水の量の関係から方程式をつくると［ $x+y$ ］$=300$

砂糖の量の関係から方程式をつくると，

［ $\frac{10}{100}x+\frac{5}{100}y$ ］$=300\times\frac{7}{100}$

これを解くと，$x=120$，$y=$［ 180 ］ 問題の答えとしてよい。

答 10%の砂糖水［ 120 ］g，5%の砂糖水［ 180 ］g

(1)
(2)
(3)
(4)
(5)

教科書のまとめ ＿＿ に入るものを答えよう！

□ 連立方程式を使って問題を解く手順

①わかっている 数量 と求める 数量 を明らかにし，何を x, y にするか決める。

② 等しい 関係にある 数量 を見つけて 方程式 をつくる。

③ 2つの方程式を組にした 連立方程式 を解く。

④連立方程式の解を問題の 答え としてよいかどうかを確かめ， 答え を決める。

□ 割合の問題　百分率などの割合を 分数 で表す。

□ 時間・道のり・速さの問題　(道のり)＝(速さ)×(時間)，(時間)＝$\frac{(\text{道のり})}{(\text{速さ})}$

Step 2 予想問題

3節 連立方程式の利用

【連立方程式の利用①(代金の関係)】

よく出る

❶ 鉛筆6本とノート2冊を買うと代金は660円です。また鉛筆4本とノート3冊を買うと代金は690円です。鉛筆1本，ノート1冊の値段をそれぞれ求めなさい。

鉛筆1本(　　　　)，ノート1冊(　　　　)

【連立方程式の利用②(重さの関係)】

❷ 1個の重さが50gの商品Aと1個の重さが30gの商品Bがあります。重さが200gの箱に商品A，Bを合わせて30個つめて，全体の重さが1500gになるようにします。商品A，商品Bをそれぞれ何個ずつつめればよいか求めなさい。

商品A(　　　　)，商品B(　　　　)

【連立方程式の利用③(時間・道のり・速さの関係①)】

❸ Aさんが家から8km離れた海岸まで自転車で走るとき，平地では時速12km，下り坂では時速18kmで走ったら，30分かかりました。平地の道のりと下り坂の道のりをそれぞれ求めなさい。

平地(　　　　)，下り坂(　　　　)

ヒント

❶
鉛筆1本x円，ノート1冊y円として連立方程式をつくり，加減法で解きます。

❷
商品Aの個数をx個，商品Bの個数をy個として連立方程式をつくり，加減法で解きます。

❸
平地を$x$km，下り坂を$y$km走るとして連立方程式をつくり，加減法で解きます。

【連立方程式の利用④(時間・道のり・速さの関係②)】

4 □ 家から 7km 離れた公園へ行くのに，時速 30km で自転車で進みましたが，途中で自転車が故障したので，残りの道のりを時速 4km で歩いたら，家を出発してから公園に着くまでに 40 分かかりました。自転車で進んだ道のりと歩いた道のりを，それぞれ求めなさい。

自転車で進んだ道のり（　　　　），歩いた道のり（　　　　）

【連立方程式の利用⑤(濃度の問題①)】

5 □ 濃度が 20% の食塩水と 12% の食塩水を混ぜて，濃度が 15% の食塩水を 400g 作ります。それぞれ何 g 混ぜればよいですか。

20% の食塩水（　　　　），12% の食塩水（　　　　）

【連立方程式の利用⑥(濃度の問題②)】

6 □ 金を 4% ふくむ合金と 7% ふくむ合金をとかして混ぜ，金を 6% ふくむ合金を 300g 作ります。それぞれ何 g とかして混ぜればよいですか。

4% の合金（　　　　），7% の合金（　　　　）

【連立方程式の利用⑦(割合の問題)】

7 □ A，B の 2 つの商品を仕入れました。A の仕入値は，B の仕入値より 500 円安いです。A に原価の 4 割，B に原価の 3 割の利益を見込んで定価をつけると，B の定価は A の定価より 150 円高くなります。A，B の仕入値をそれぞれ求めなさい。

A の仕入値（　　　　），B の仕入値（　　　　）

ヒント

4
道のりの関係，時間の関係で，連立方程式をつくります。

$(\text{時間})=\dfrac{(\text{道のり})}{(\text{速さ})}$

の関係を使います。

a 分 $=\dfrac{a}{60}$ 時間です。

ミスに注意
速さ・時間・道のりの問題は，単位をそろえることを忘れないようにしましょう。

5
濃度が 20% の食塩水を xg，12% の食塩水を yg として連立方程式をつくります。

6
金を 4% ふくむ合金を xg，7% ふくむ合金を yg として連立方程式をつくります。

7
A の仕入値を x 円，B の仕入値を y 円として連立方程式をつくります。

［解答 ▶ p.8-9］

【連立方程式の利用⑧(分け方の問題)】

8 ある中学校の2年生は校外学習でボートに乗ることになりました。松本さんのクラスの人数は38人で，ボートは3人乗りと2人乗りの2種類があり，それぞれに分かれて乗ることになりました。乗るボートの合計が15艇(てい)のとき，3人乗りと2人乗りのボートは，それぞれ何艇ですか。それぞれのボートには定員どおりに乗ることとします。

3人乗り（　　　），2人乗り（　　　）

【連立方程式の利用⑨(2数の関係)】

9 大小2つの数があります。大きい数は，小さい数の2倍より3小さく，また，大きい数の2倍と小さい数の3倍との和は29です。この2つの数を求めなさい。

大きい数（　　　），小さい数（　　　）

【連立方程式の利用⑩(整数の問題)】

10 2けたの正の整数があります。この整数は，各位の数の和の3倍と等しい数です。また，十の位の数と一の位の数を入れかえてできる2けたの整数は，もとの整数の3倍よりも9小さくなります。もとの整数を求めなさい。

（　　　）

ヒント

8 ボートの艇数とクラスの人数に着目して，連立方程式をつくります。

9 大きい数をx，小さい数をyとして連立方程式をつくり，代入法で解きます。

10 AがBより9小さいことは，$A=B-9$や$A+9=B$と表せます。

テスト得ダネ
問題中にある2つの等しい関係を見つけることを意識して問題を読みましょう。

Step 3 予想テスト　2章 連立方程式

30分

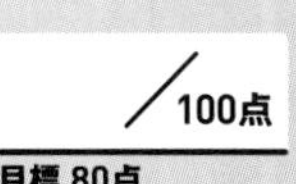
／100点
目標 80点

1 x，y が自然数であるとき，次の(1)〜(3)に答えなさい。知　12点(各4点)

□(1) $x+2y=7$ を成り立たせる x，y の値の組(x, y)をすべて求めなさい。

□(2) $3x+y=11$ を成り立たせる x，y の値の組(x, y)をすべて求めなさい。

□(3) (1)，(2)から連立方程式 $\begin{cases} x+2y=7 \\ 3x+y=11 \end{cases}$ の解を求めなさい。

2 次の連立方程式を解きなさい。知　36点(各4点)

□(1) $\begin{cases} y=-2x \\ 3x+4y=10 \end{cases}$

□(2) $\begin{cases} 2x+3y=-4 \\ y=3x-5 \end{cases}$

□(3) $\begin{cases} x+2y=5 \\ 3x-2y=7 \end{cases}$

□(4) $\begin{cases} 3x+7y=-2 \\ 2x+5y=-1 \end{cases}$

□(5) $\begin{cases} 2(x+1)+(y-3)=-2 \\ 3(x+2)-(y+2)=0 \end{cases}$

□(6) $\begin{cases} 2x+y=-3 \\ 0.7x-0.3y=2.2 \end{cases}$

□(7) $\begin{cases} 0.2x+0.1y=0.6 \\ 5x-3(x-y)=-2 \end{cases}$

□(8) $\begin{cases} x+2y=10 \\ \dfrac{x}{2}-\dfrac{y}{3}=1 \end{cases}$

□(9) $\begin{cases} \dfrac{x}{4}+\dfrac{y}{3}=\dfrac{4}{3} \\ 0.4x+0.5y=2.1 \end{cases}$

3 方程式 $-x+y=6x-2y=4$ を解きなさい。知　8点

□

4 ある映画館の入場料は，大人2人と子ども1人では3200円，大人1人と子ども3人では3600円です。次の(1)，(2)に答えなさい。知 考　10点(各5点)

□(1) 大人1人の入場料，子ども1人の入場料をそれぞれ x 円，y 円として連立方程式をつくりなさい。

□(2) 大人1人，子ども1人の入場料を，それぞれ求めなさい。

5 1個120円のりんごと，1個50円のみかんを合わせて30個買ったときの代金は2270円でした。買ったりんごとみかんの個数をそれぞれ求めなさい。考 10点

6 200gの食塩水Aと300gの食塩水Bを混ぜると濃度が5%の食塩水になり，300gの食塩水Aと200gの食塩水Bを混ぜると濃度が6%の食塩水になります。食塩水A，Bの濃度をそれぞれ求めなさい。考 12点

2章

点UP

7 A地からB地まで峠をこえて歩いて行くのに，行きはA地から峠までを時速2km，峠からB地までを時速4kmで歩いたら，1時間45分かかりました。帰りはB地から峠までを時速2km，峠からA地までを時速4kmで歩いたら，2時間かかりました。A地から峠，峠からB地までの道のりをそれぞれ求めなさい。考 12点

1	(1)	(2)	(3) $\begin{cases} x = \\ y = \end{cases}$
2	(1) $\begin{cases} x = \\ y = \end{cases}$	(2) $\begin{cases} x = \\ y = \end{cases}$	(3) $\begin{cases} x = \\ y = \end{cases}$
	(4) $\begin{cases} x = \\ y = \end{cases}$	(5) $\begin{cases} x = \\ y = \end{cases}$	(6) $\begin{cases} x = \\ y = \end{cases}$
	(7) $\begin{cases} x = \\ y = \end{cases}$	(8) $\begin{cases} x = \\ y = \end{cases}$	(9) $\begin{cases} x = \\ y = \end{cases}$
3	$\begin{cases} x = \\ y = \end{cases}$		
4	(1) $\begin{cases} \\ \end{cases}$	(2) 大人1人　　円，子ども1人　　円	
5	りんご　　個，みかん　　個		
6	食塩水A　　%，食塩水B　　%		
7	A地から峠　　km，峠からB地　　km		

[解答▶p.10-11]

Step 1 基本チェック　1節 1次関数

15分

教科書のたしかめ　[　]に入るものを答えよう！

1節 1次関数　▶ 教 p.68-81　Step 2 ❶-❾

解答欄

□ (1) 次の㋐，㋑で，y が x の1次関数であるのは，[㋐]

㋐縦 x cm，横 6 cm の長方形の周の長さが y cm

㋑100 km を時速 x km で進むときにかかる時間 y 時間

(1)

□ (2) 1次関数 $y=3x-2$ で，次の表の空らんをうめなさい。

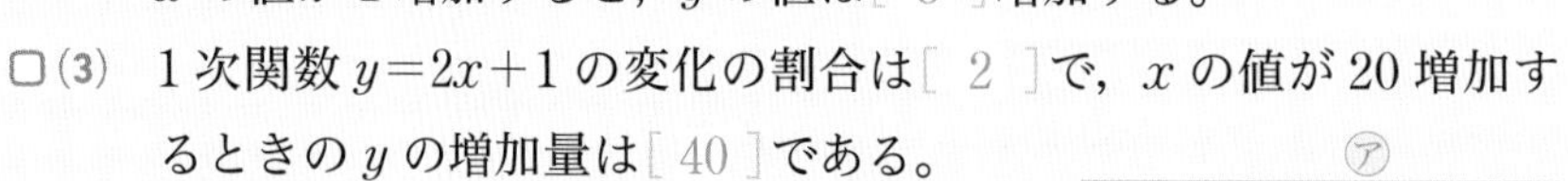

x	…	-4	-3	-2	-1	0	1	2	3	4	…
y	…	[-14]	-11	-8	-5	[-2]	1	4	[7]	10	…

x の値が1増加すると，y の値は[3]増加する。

(2) ／ ／

□ (3) 1次関数 $y=2x+1$ の変化の割合は[2]で，x の値が 20 増加するときの y の増加量は[40]である。

グラフは，$y=2x$ を[y]軸(じく)の正の向きに[1]だけ平行移動させたものである。

(3)

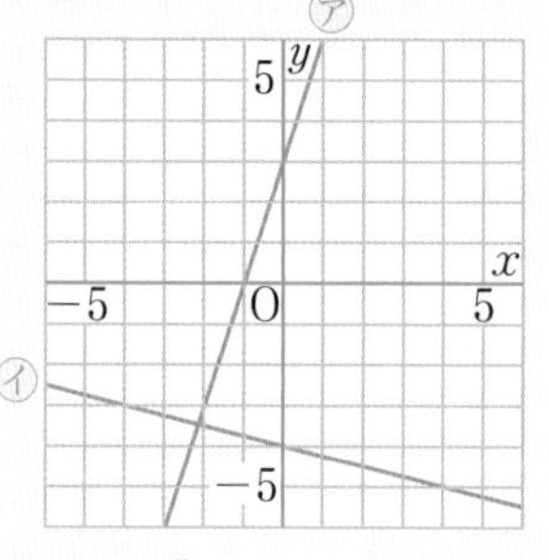

□ (4) 次の1次関数のグラフをかきなさい。

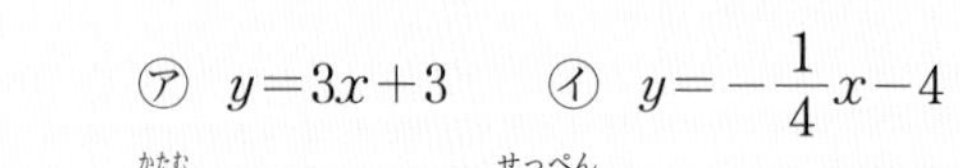

㋐ $y=3x+3$　　㋑ $y=-\dfrac{1}{4}x-4$

(4)

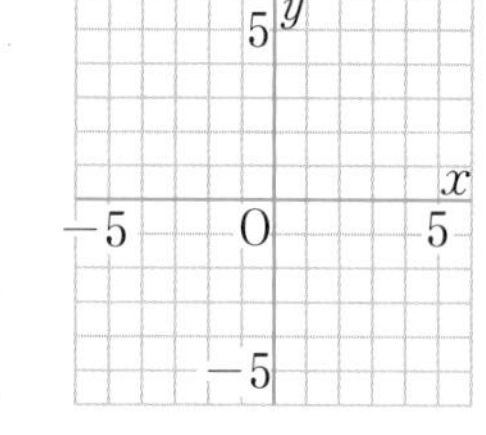

□ (5) 傾(かたむ)きが -1 で，切片(せっぺん)が5である直線の式は，$y=$[$-x+5$]

(5)

□ (6) 傾きが3で，点 $(4,\ 2)$ を通る直線の式を求めなさい。

傾きが3なので，求める式を $y=$[$3x$]$+b$ とする。この式に $x=4$，$y=2$ を代入して，$b=-$[10]　よって，$y=$[$3x-10$]

(6) ／

□ (7) y が x の1次関数で，$x=2$ のとき $y=6$，$x=-4$ のとき $y=12$ である1次関数の式を求めなさい。

$y=ax+b$ とおき，2組の x，y の値をそれぞれ代入して，

$a=$[-1]，$b=$[8]　よって，$y=$[$-x+8$]

(7) ／ ／

教科書のまとめ　___ に入るものを答えよう！

□ y が x の関数で，$y=ax+b$ $(a\neq0)$ で表されるとき，y は x の 1次関数 であるという。

□ x の増加量に対する y の増加量の割合を 変化の割合 という。

□ 1次関数 $y=ax+b$ では，x の値が1ずつ増加すると，対応する y の値は a ずつ増加する。また，変化の割合は一定で，a に等しい。

□ 1次関数 $y=ax+b$ のグラフは，傾きが a，切片が b の 直線 である。また，$y=ax$ のグラフを，y 軸の正の向きに b だけ平行移動させたものである。

Step 2 予想問題 1節 1次関数

1ページ 30分

【1次関数①】

1 次の㋐～㋒で，y が x の1次関数であるものを選びなさい。

□
㋐ 1個50円のりんご x 個を70円のかごにつめたときの代金が y 円
㋑ 面積が 36cm^2，縦の長さが $x$cm の長方形の横の長さが $y$cm
㋒ $x$km の距離を進むのにかかる時間が y 時間

（　　　）

【1次関数②(1次関数の値の変化のようす)】

2 1次関数 $y=3x-5$ について，次の(1)，(2)に答えなさい。

□(1) 下の表の空欄㋐～㋖に入る数を答えなさい。

x	…	-3	-2	-1	0	1	2	…	㋖	…
y	…	㋐	㋑	㋒	㋓	㋔	㋕	…	10	…

㋐（　　）㋑（　　）㋒（　　）㋓（　　）
㋔（　　）㋕（　　）㋖（　　）

□(2) x の値が1ずつ増加すると，対応する y の値はいくらずつ増加しますか。

（　　　）

【1次関数③(変化の割合①)】

よく出る

3 1次関数 $y=-\frac{2}{3}x+4$ について，次の(1)，(2)に答えなさい。

□(1) 変化の割合を求めなさい。

（　　　）

□(2) x の値が18増加するときの y の増加量を求めなさい。

（　　　）

ヒント

1
それぞれの関係を式で表してみましょう。
$y=ax+b$ の形で表される式が1次関数です。

2
1次関数 $y=ax+b$ では，x の値が1ずつ増加すると，y の値は a ずつ増加します。

テスト得ダネ
x に比例する量と一定の量との和は，1次関数で表されます。
x に比例する量
$y=\boxed{ax}+\textcircled{b}$
一定の量

3
(2) y の増加量は，変化の割合と x の増加量の積になります。

テスト得ダネ
1次関数 $y=ax+b$ の変化の割合は，x の値がどこからどれだけ増加しても，a に等しいです。

[解答▶p.12]

【1次関数④(変化の割合②)】

4 次の(1)〜(3)で y が x の1次関数であるとき，変化の割合を求めなさい。

□(1) x の値が1増加するときの y の増加量が -5

（　　　　）

□(2) x の値が4増加するときの y の増加量が $\frac{8}{3}$

（　　　　）

□(3) x の値が -2 から3まで増加するとき，y の値が -16 から -31 まで減少する。

（　　　　）

ヒント

4

$(変化の割合)=\frac{(y\text{の増加量})}{(x\text{の増加量})}$

ミスに注意

変化の割合を求めるときに，分母と分子に入れるものをまちがえないようにしましょう。

【1次関数のグラフ①】

5 1次関数 $y=-\frac{3}{5}x+6$ のグラフについて，次の(1)，(2)に答えなさい。

□(1) $y=-\frac{3}{5}x$ のグラフをどのように平行移動させたものですか。

（　　　　　　　　）

□(2) 傾きと切片を答えなさい。

傾き（　　　　），切片（　　　　）

5

1次関数 $y=ax+b$ は，$y=ax$ のグラフを y 軸の正の向きに b だけ平行移動させたものです。

【1次関数のグラフ②】

6 次の(1)〜(4)にあてはまる関数を，下の㋐〜㋒から選びなさい。

㋐ $y=\frac{1}{2}x-2$　　㋑ $y=-2x+1$　　㋒ $y=-3x-6$

□(1) グラフは，傾きが -2 の直線である。

（　　　　）

□(2) x の値が増加すると，対応する y の値も増加する。

（　　　　）

□(3) グラフが右上がりの直線である。

（　　　　）

□(4) グラフが右下がりの直線である。

（　　　　）

6

(3) 1次関数 $y=ax+b$ で，$a>0$ のときグラフは右上がりになります。

ミスに注意

答えとなる式は1つだけとは限りません。もれがないか注意しましょう。

[解答▶p.12]

【1次関数のグラフ③】

よく出る

7 次の1次関数のグラフを，下の図にかき入れなさい。

□(1) $y=3x-4$

□(2) $y=-2x-1$

□(3) $y=-\frac{1}{2}x$

□(4) $y=x+2$

□(5) $y=\frac{3}{4}x-1$

□(6) $y=-\frac{1}{3}x+\frac{1}{3}$

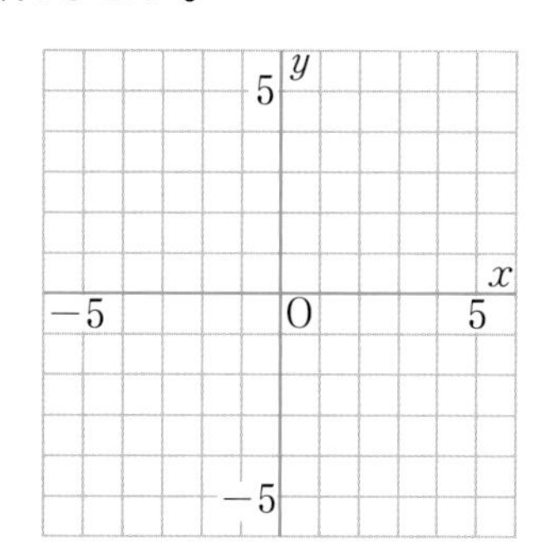

ヒント

7
切片が整数のときは，y 軸上の点を決めてから，傾きの値を利用してグラフをかきます。

テスト得ダネ
2通りのかき方
①傾きと切片を求めてかく。
② y が整数となるような適当な整数を x に選び，2点を求めてかく。

【1次関数の式の求め方①(グラフから式を求めること)】

よく出る

8 右の図の直線(1)〜(4)の式をそれぞれ求めなさい。

□(1) (　　　　)

□(2) (　　　　)

□(3) (　　　　)

□(4) (　　　　)

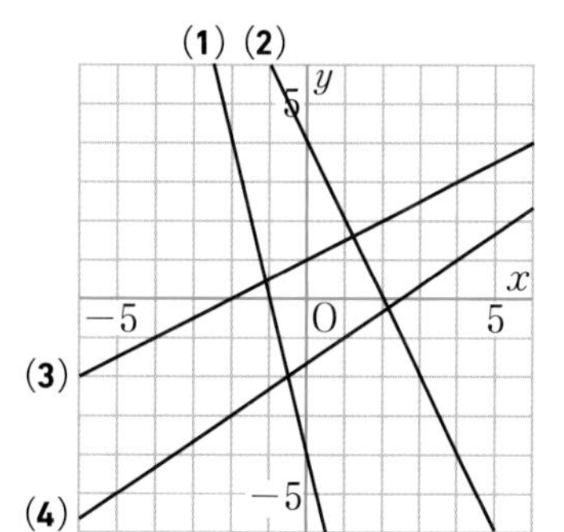

8
傾き a と切片 b を読み取るか，直線上の点の座標が整数である2点を見つけて，傾きを求めます。直線の式は，$y=ax+b$ となります。

【1次関数の式の求め方②(条件から式を求めること)】

9 y が x の1次関数であるとき，次の(1)〜(4)で y を x の式で表しなさい。

□(1) 変化の割合が -2 で，$x=1$ のとき $y=3$ である。

(　　　　)

□(2) 変化の割合が4で，$x=1$ のとき $y=1$ である。

(　　　　)

□(3) $x=6$ のとき $y=3$，$x=8$ のとき $y=-1$ である。

(　　　　)

□(4) x の増加量が4のときの y の増加量が -3 で，$x=8$ のとき $y=-3$ である。

(　　　　)

9
(1)(2)直線の式 $y=ax+b$ で，(変化の割合)$=a$ だから，a の数値を代入した式をつくります。次に，x，y の値を代入して，b を求めます。
(3)2組の x，y の値から，傾きを求めます。

テスト得ダネ
1次関数の式を求める問題はよく出題されるので，確実に求められるようにしておきましょう。

3章

Step 1 基本チェック　2節 方程式とグラフ

15分

教科書のたしかめ　[　]に入るものを答えよう！

2節 方程式とグラフ

▶ 教 p.82-88　Step 2 ❶-❸

解答欄

□ (1) 2元1次方程式 $3x-y=2$ を y について解くと，$y=$[$3x-2$]
したがって，2元1次方程式 $3x-y=2$ のグラフは，傾きが[3]，切片が[-2]の直線になる。

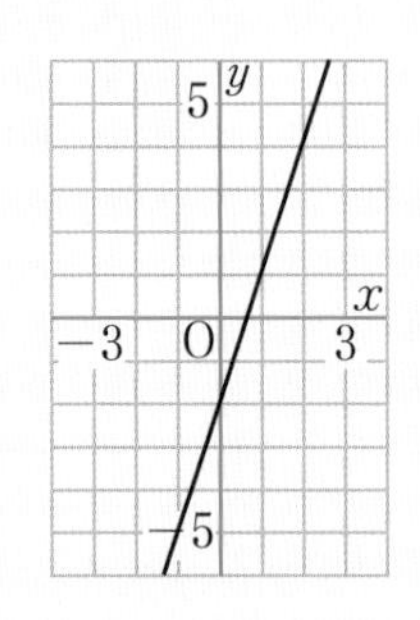

(1)

□ (2) 方程式 $4y=-12$ のグラフ
y について解くと $y=$[-3]
よって，点([0]，[-3])を通り，
x 軸に平行な直線である。

□ (3) 方程式 $5x-10=0$ のグラフ
x について解くと $x=$[2]
よって，点([2]，[0])を通り，
y 軸に平行な直線である。

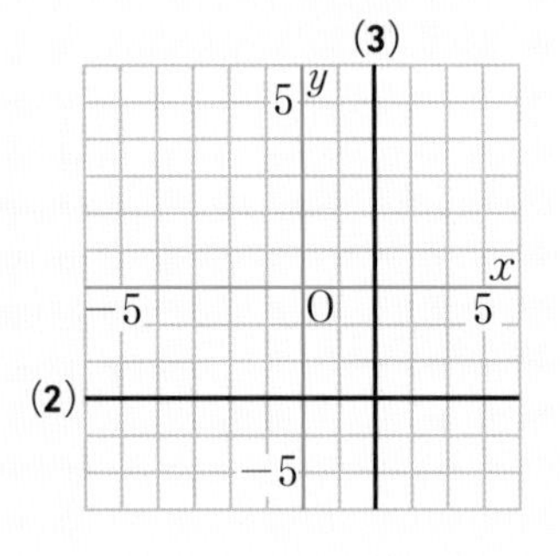

(2)

(3)

□ (4) 連立方程式 $\begin{cases} x+3y=6 & \cdots\cdots① \\ 2x-y=5 & \cdots\cdots② \end{cases}$ で，①のグラフは，図の[㋐]，②のグラフは，[㋑]で表される。したがって，グラフを利用して連立方程式の解を求めると，$\begin{cases} x=[\ 3\ ] \\ y=[\ 1\ ] \end{cases}$

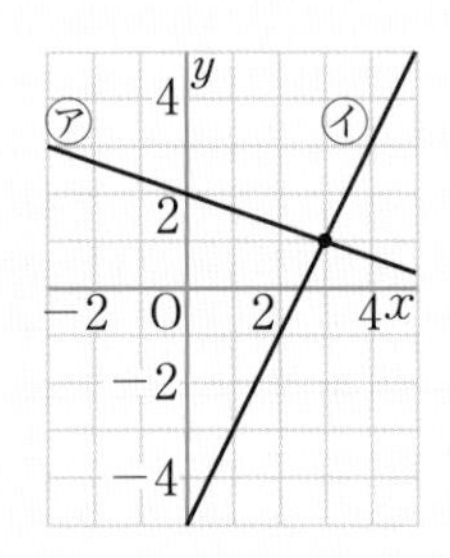

(4)

□ (5) 2つのグラフ $x+y=5$ …①，$2x-y=4$ …② の交点の x 座標は，
①＋② より，$3x=9$　$x=$[3]
これを ① に代入して，$3+y=5$　$y=$[2]
したがって，交点の座標は([3]，[2])となる。

(5)

教科書のまとめ　＿＿に入るものを答えよう！

□ a，b，c を定数とするとき，2元1次方程式 $ax+by+c=0$ のグラフは 直線 である。また，$a=0$ の場合，グラフは x 軸に平行 な直線，$b=0$ の場合，グラフは y 軸に平行 な直線である。

□ x，y についての2元1次方程式を y について解くと，y は x の 1次関数 になる。

□ 2つの2元1次方程式のグラフの 交点 の x 座標，y 座標の組は，その2つの方程式を組にした連立方程式の 解 である。

Step 2 予想問題 2節 方程式とグラフ

1ページ 30分

【2元1次方程式のグラフ】

よく出る

❶ 次の方程式のグラフを図にかきなさい。

□(1) $3x+2y=2$

□(2) $5x-2y=-5$

□(3) $4y=16$

□(4) $-5x=10$

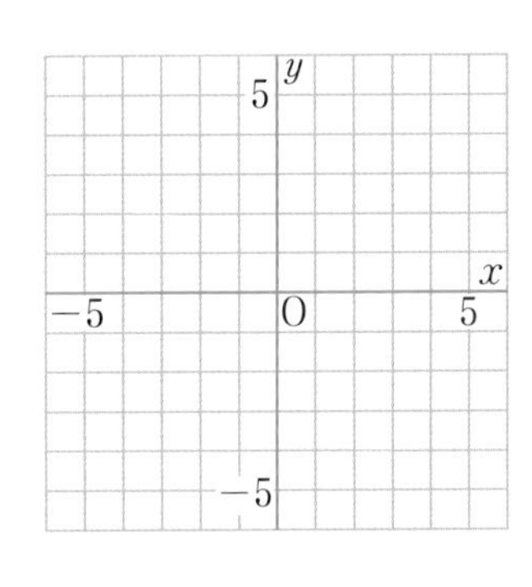

【グラフと連立方程式①】

❷ 右の図の直線㋐，㋑について，次の(1)～(3)に答えなさい。

□(1) 直線㋐の式を求めなさい。

(　　　　)

□(2) 直線㋑の式を求めなさい。

(　　　　)

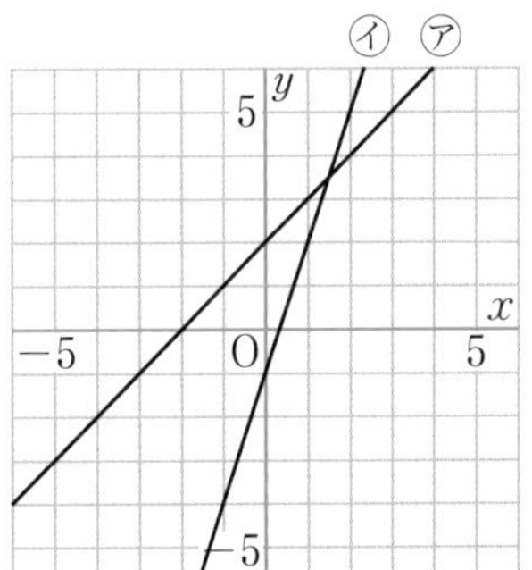

□(3) 直線㋐と㋑の交点の座標を連立方程式を使って求めなさい。

(　　，　　)

【グラフと連立方程式②】

よく出る

❸ 次の連立方程式の解を，グラフをかいて求めなさい。

□(1) $\begin{cases} 3x-y=5 & \cdots\cdots① \\ x+2y=4 & \cdots\cdots② \end{cases}$

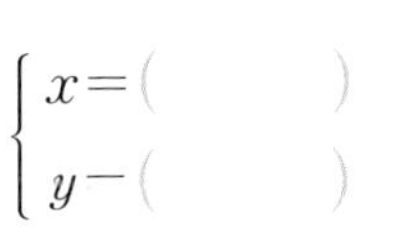

$\begin{cases} x=(\quad) \\ y=(\quad) \end{cases}$

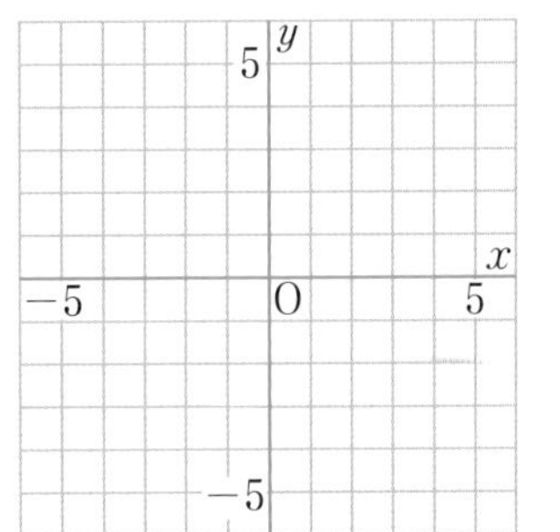

□(2) $\begin{cases} 4x+2y=-10 & \cdots\cdots① \\ 2x-y=-11 & \cdots\cdots② \end{cases}$

$\begin{cases} x=(\quad) \\ y=(\quad) \end{cases}$

ヒント

❶
方程式をyについて解き，傾きと切片からグラフをかきます。また，グラフが通る2点の座標を求めてかくこともできます。
(3)(4)座標軸に平行な直線になります。

❷
(1)(2)傾き，切片を読みとります。
(3)(1)(2)の式をx，yの連立方程式として解きます。

❸
①，②のグラフをかいて，2直線の交点の座標を読み取ります。

テスト得ダネ
グラフ上の交点の座標から連立方程式の解を求める問題と，連立方程式の解から2直線の交点の座標を求める問題は，どちらもできるようにしておきましょう。

3章

Step 1 基本チェック 3節 1次関数の利用

15分

教科書のたしかめ [ ]に入るものを答えよう！

3節 1次関数の利用

▶ 教 p.89-93 Step 2 ❶❷

解答欄

□(1) 右の図のような長方形ABCDで，点PはBからCまで動く。点PがBから$x$cm動いたときの△ABPの面積を$y$cm^{2}とする。点Pが辺BC上にあるとき，AB＝3cm，BP＝[x]cmより，

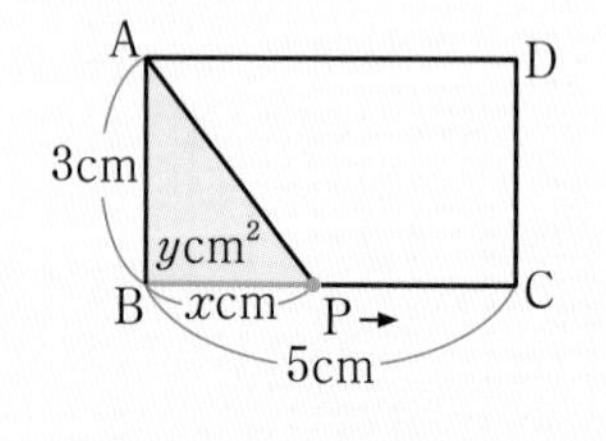

$y=\frac{1}{2}\times3\times$[x]＝[$\frac{3}{2}x$](cm^2) ([0]$\leqq x \leqq$[5])

と表すことができる。

(1)

□(2) 右の図は，Aさんが3km先の駅へ向かい，BさんがAさんより15分遅れてAさんの後を追ったとき，Aさんが出発してからの時間をx分，駅までの道のりをymとしたときの2人のようすを表したものである。

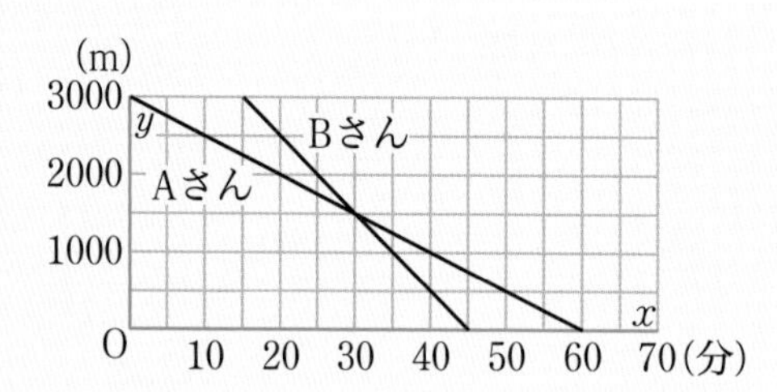

AさんとBさんが出会うのは，Aさんが出発してから[30]分後である。

(2)

AさんとBさんが出会うのは，Aさんが出発してから[1500]mのところである。

□(3) あるつるまきばねに，xgのおもりをつり下げたときのばねの長さを$y$cmとすると，右のようなグラフになった。

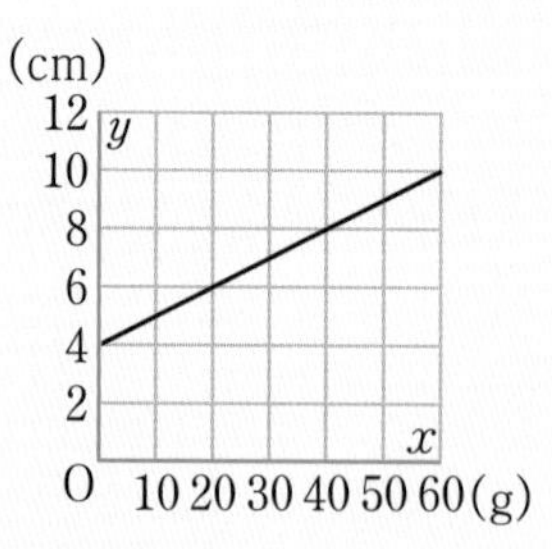

何もつり下げないときのばねの長さは[4]cmである。

(3)

40gのおもりをつるしたときのばねの長さは[8]cmで，ばねの長さが10cmのときのおもりの重さは[60]gである。

教科書のまとめ ＿＿に入るものを答えよう！

□時間と道のりの関係を1次関数で表したグラフの傾きは，速さを表す。

□ 1次関数を利用した図形の問題では，点Pが辺上をAから$x$cm動くときの，APの長さは，x cmである。また，面積の変化のようすをグラフにかくときは，変域に注意してかく。

Step 2 予想問題 3節 1次関数の利用

【1次関数の利用①(面積の変化を調べよう)】

よく出る

1 右の長方形 ABCD において，点 P は辺 BC 上を B から C まで動きます。点 P が B から $x$cm 動いたときの四角形 ABPD の面積を $y$cm^2 として，次の(1)〜(4)に答えなさい。

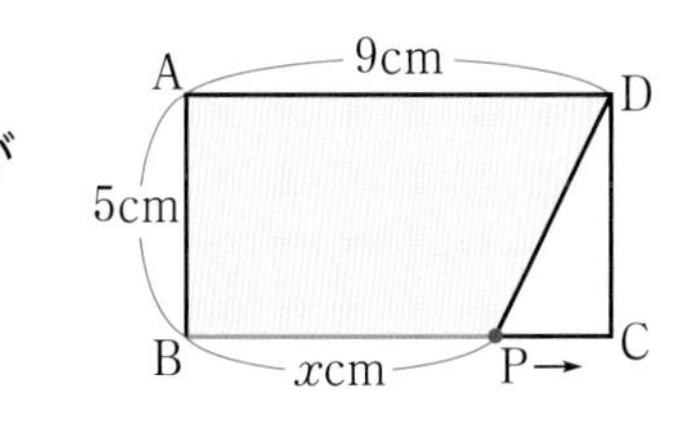

□(1) x と y の関係を式で表しなさい。

(　　　　)

□(2) x と y の変域をそれぞれ求めなさい。

xの変域(　　　　)，yの変域(　　　　)

□(3) x と y の関係をグラフに表しなさい。

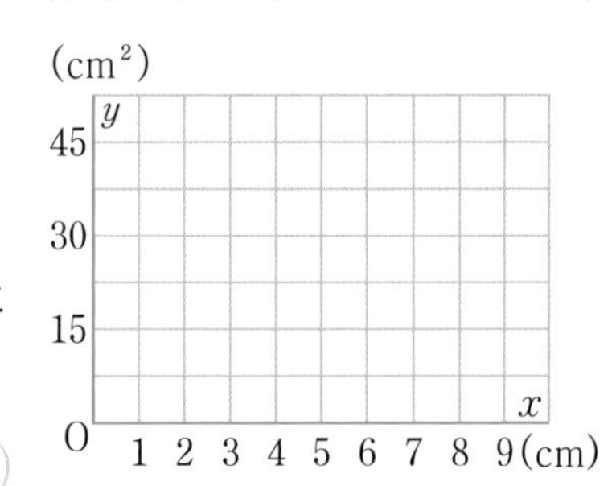

□(4) 四角形 ABPD の面積が 30cm^2 になるときの x の値を求めなさい。

(　　　　)

【1次関数の利用②(グラフをもとに問題を解決しよう)】

2 弟は時速 4km で家からとなりの町へ歩きました。1.5時間後に，兄は時速 10km で自転車に乗って弟を追いました。弟が出発してから x 時間後に2人は家から $y$km の地点にいるとして，次の(1)〜(4)に答えなさい。

□(1) 弟のグラフの式を求めなさい。

(　　　　)

□(2) 兄のグラフの式を求めなさい。

(　　　　)

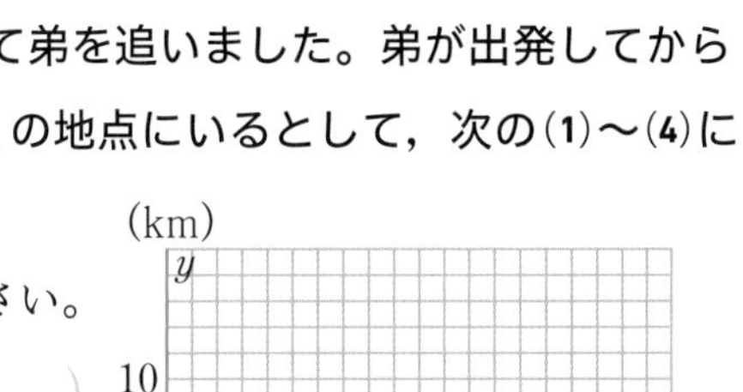

□(3) 2人の進行のようすをグラフにかきなさい。

□(4) 兄が弟に追いつくのは，弟が出発してから何時間後ですか。

(　　　　)

ヒント

1

(1) PC の長さを x の式で表します。

(2) x の変域は，点 P が何 cm 動くと C に到着するのかに着目します。y の変域は，点 P が B にあるときと C にあるときの面積に着目して求めます。

ミスに注意

動点の問題は，変域に注意しましょう。

2

(1) 点 (0, 0) を通り，傾き 4 の直線の式です。

(2) 点 (1.5, 0) を通り，傾き 10 の直線の式です。

(4) (3)のグラフの交点から求められます。

3章

Step 3 予想テスト　3章 1次関数

30分　／100点　目標 80点

1 次の㋐〜㋒から，y が x の1次関数であるものを選びなさい。知　4点

□

㋐ 重さ 100g の入れものに1個 30g のクッキーを x 枚入れたときの全体の重さ yg

㋑ 半径 $x$cm の円の面積 $y$cm^2

㋒ 20km の道のりを時速 $x$km で歩いたときにかかる時間 y 時間

2 x の値が2から6まで増加するとき，y の値が -2 から -14 まで減少する1次関数について，次の(1)，(2)に答えなさい。知　8点(各4点)

□(1) 変化の割合を求めなさい。

□(2) x の値が5増加するときの y の増加量を求めなさい。

3 次の1次関数のグラフを，解答欄の図にかきなさい。知　8点(各4点)

□(1) $y=-3x+4$　　□(2) $y=\dfrac{3}{2}x-2$

4 右の図について，次の(1)〜(3)に答えなさい。知 考　30点(各5点)

□(1) 直線①〜④の式を求めなさい。

□(2) 直線①，④の交点の座標を求めなさい。

□(3) 直線②，④の交点の座標を求めなさい

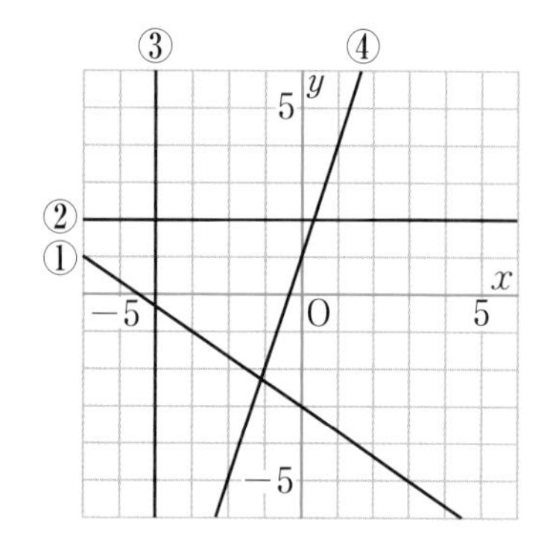

5 y が x の1次関数であるとき，次の(1)，(2)で y を x の式で表しなさい。知　10点(各5点)

□(1) 変化の割合が $\dfrac{1}{3}$ で，$x=6$ のとき $y=5$

□(2) $x=4$ のとき $y=4$，$x=-2$ のとき $y=1$

6 次の(1)，(2)に答えなさい。知　10点(各5点)

□(1) 2つの直線 $4x+3y-6=0$，$6x-y=0$ の交点の座標を求めなさい。

□(2) 直線 $y=-x+2$ と x 軸上で交わり，点 $(8,\ 3)$ を通る直線の式を求めなさい。

　成績評価の観点　知…数量や図形などについての知識・技能　考…数学的な思考・判断・表現

❼ 右の図のような長方形 ABCD で，点 P は辺上を B から A，D を通って C まで動きます。点 P が B から x cm 動いたときの △PBC の面積を y cm^2 として，次の(1)～(5)に答えなさい。知 考

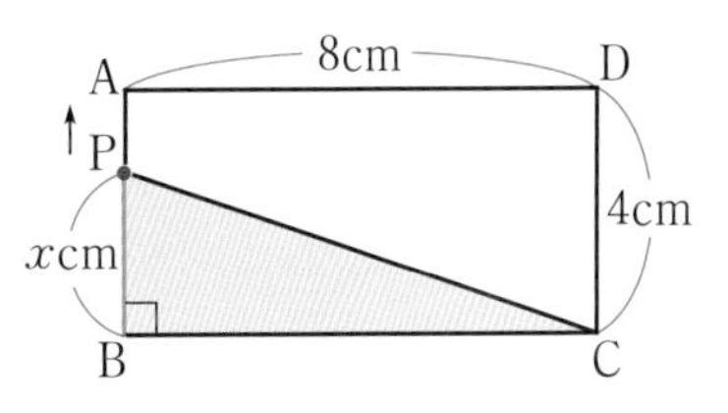

20点(各4点)

□(1) 点 P が辺 BA 上を動くとき，x と y の関係を式で表し，x の変域を求めなさい。

□(2) 点 P が辺 AD 上を動くとき，x と y の関係を式で表し，x の変域を求めなさい。

□(3) 点 P が辺 DC 上を動くとき，x と y の関係を式で表し，x の変域を求めなさい。

□(4) x と y の関係をグラフに表しなさい。グラフは，解答欄にかきなさい。

□(5) グラフを利用して，△PBC の面積が 8 cm^2 になるときの x の値を求めなさい。

3章

点UP

❽ つるまきばねに 60 g のおもりをつるしたら，ばねの長さは 14 cm，220 g のおもりをつるしたら，ばねの長さは 38 cm でした。ばねののびはおもりの重さに比例するものとして，次の(1)，(2)に答えなさい。考

10点(各5点)

□(1) おもりをつるさないときのばねの長さは何 cm ですか。

□(2) ばねの長さが 26 cm のときのおもりの重さは何 g ですか。

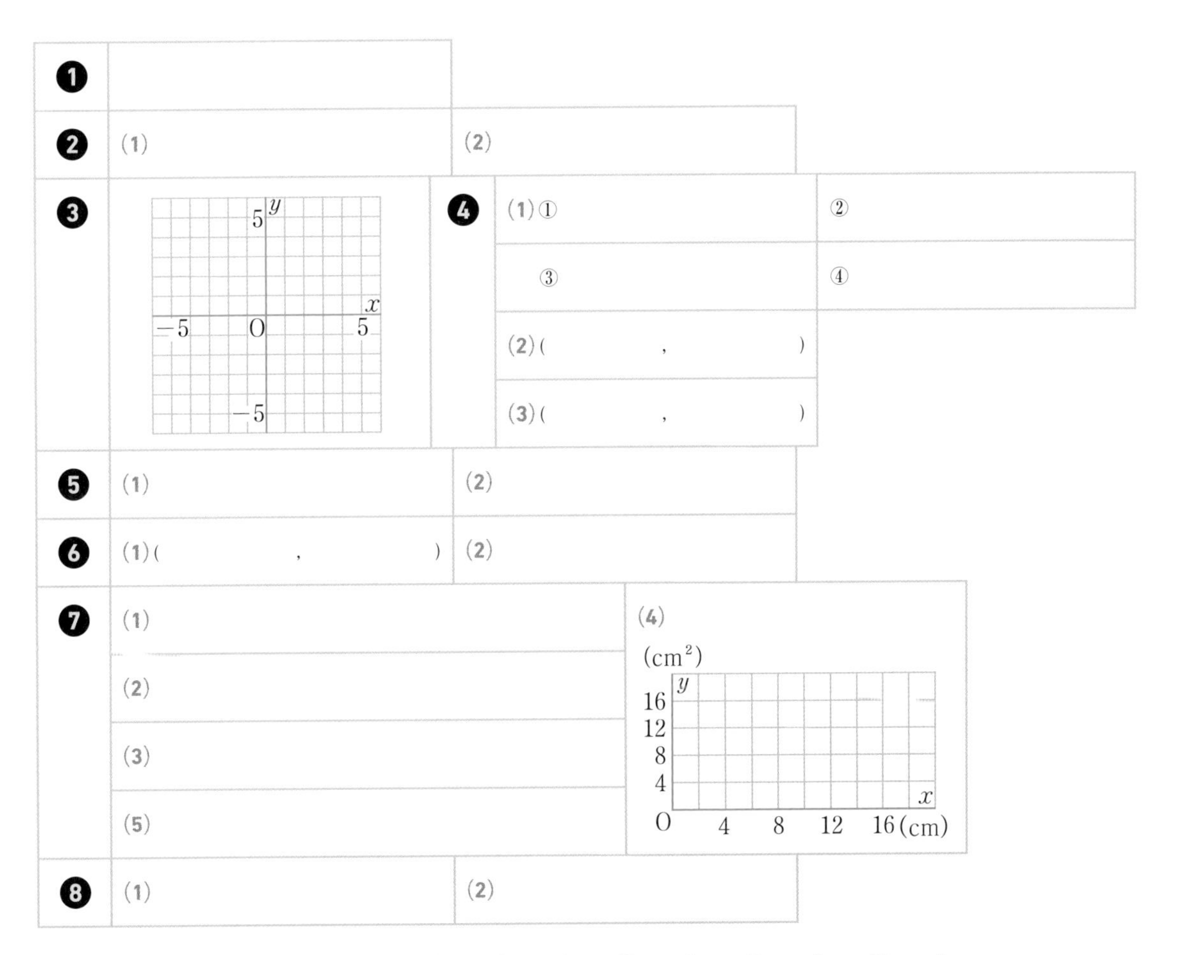

Step 1 基本チェック　1節 角と平行線

15分

教科書のたしかめ　[　]に入るものを答えよう！

1節 角と平行線

▶ 教 p.100-115　Step 2 ❶-❾

解答欄

□(1) 右の図で，$\ell /\!/ m$ であるとき，$\angle a=$[118°]
$\angle b=$[118°]，$\angle c=$[118°]である。

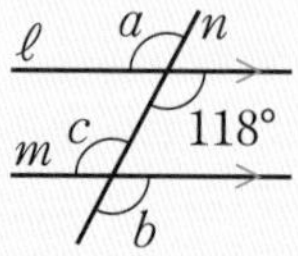

(1) ／

□(2) 右の図で，$\angle a=$[180°]$-80°=$[100°]
であり，[同位角]が等しいので，$\ell /\!/ m$ である。

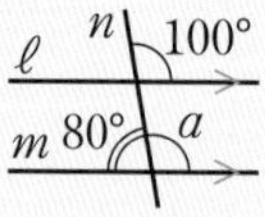

(2) ／

□(3) 右の図で，$\angle x$ の大きさは，
$\angle x=180°-57°-$[32°]$=$[91°]

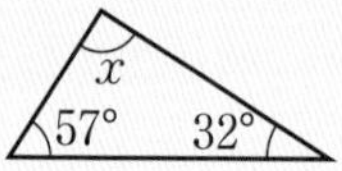

(3) ／

□(4) 右の図で，$\angle x$ の大きさは，
$\angle x=28°+$[74°]$=$[102°]

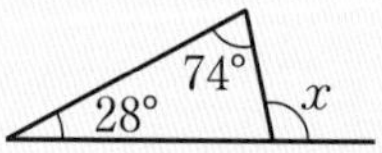

(4) ／

□(5) 右の図で，$\ell /\!/ m$ のとき，$\ell /\!/ n$ となる補助線をひく。$\angle a=$[31°]，$\angle b=$[54°]，
$\angle x=\angle a+\angle b=$[31°]$+$[54°]
$=$[85°]

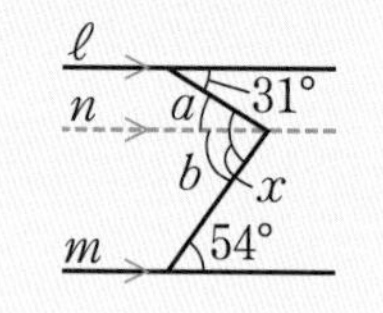

(5) ／ ／

□(6) 右の図で，補助線 DE をひく。△ABE で，
$\angle \mathrm{AEC}=48°+$[52°]$=$[100°]
△DEC で，$\angle x=30°+$[100°]$=$[130°]

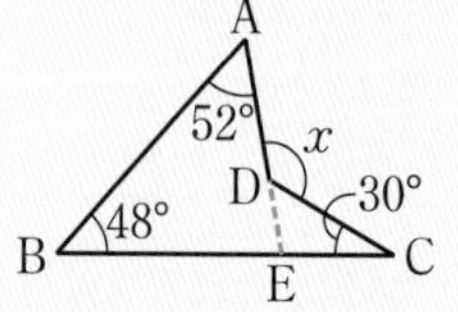

(6) ／ ／

□(7) 十一角形の内角の和は，
$180°\times(11-$[2]$)=180°\times$[9]$=$[1620°]

(7) ／ ／

□(8) 正十五角形の外角（がいかく）の和は，[360°]であり，1つの外角の大きさは，
$360°\div 15=$[24°]

(8)

教科書のまとめ　＿＿に入るものを答えよう！

□右の図で，$\angle a$ と $\angle c$ のように，向かい合った2つの角を 対頂角 といい，対頂角 は等しい。$\angle d$ と $\angle h$ のような位置にある2つの角を 同位角 という。$\angle b$ と $\angle h$ のような位置にある2つの角を 錯角 という。

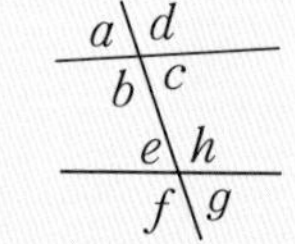

□**平行線の性質**　2直線に1つの直線が交わるとき，2直線が 平行 ならば， 同位角 ・ 錯角 は等しい。

□**平行線になるための条件**　2直線に1つの直線が交わるとき， 同位角 または 錯角 が等しければ，2直線は 平行 である。

□三角形の1つの外角は，それととなり合わない 2つの内角の和 に等しい。

□ n 角形の内角の和は， $180°\times(n-2)$ ，n 角形の外角の和は 360° である。

Step 2 予想問題 1節 角と平行線

【角と平行線①(いろいろな角①)】

1 右の図で，$\angle x$，$\angle y$ の大きさを求めなさい。

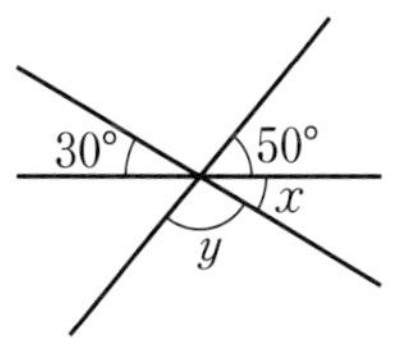

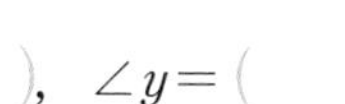

$\angle x=$(　　　)，$\angle y=$(　　　)

【角と平行線②(いろいろな角②)】

2 右の図で，次の角を書きなさい。

(1) $\angle a$ の対頂角 (　　　)

(2) $\angle a$ の同位角 (　　　)

(3) $\angle b$ の同位角 (　　　)

(4) $\angle b$ の錯角 (　　　)

(5) $\angle g$ の錯角 (　　　)

【角と平行線③(いろいろな角③)】

3 次の図で，$\ell \parallel m$ のとき，$\angle x$ の大きさを求めなさい。

(1)

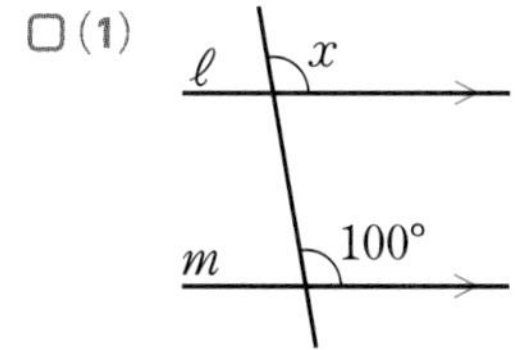

(　　　)

(2) (　　　)

(3)

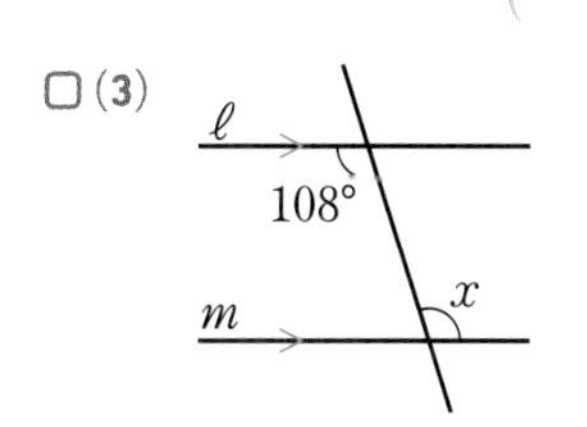

(　　　)

(4) (　　　)

ヒント

1 対頂角(向かい合った2つの角)は等しいです。$\angle x+\angle y+50°=180°$

2 対頂角は，2直線が交わったときにできます。同位角や錯角は，2直線に1つの直線が交わったときにできます。

ミスに注意 2直線が平行でなくても同位角や錯角はあります。

3 平行線の同位角・錯角を見つけ，図にかきこみながら考えましょう。

【角と平行線④(いろいろな角④)】

4 右の図の直線 ℓ, m, n で, $\ell /\!/ m$ のとき, $\angle a+\angle b=180^\circ$ となることを, 次のように説明しました。(　　)にあてはまる式や角を答えなさい。

説明 n は直線だから, (□(1)　　　　　　) $=180^\circ$

平行線の同位角は等しいから,

$\angle c=$ (□(2)　　　　　　)

したがって, (□(3)　　　　　　) $=180^\circ$

ヒント

4

平行線ならば同位角, 錯角は等しいです。

(1) 2つの角の和を表す式が入ります。

ミスに注意

同位角, 錯角が等しくなるのは, 平行線の場合だけです。

【三角形の角①(三角形の内角と外角)】

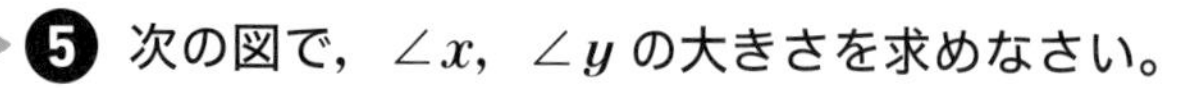

よく出る

5 次の図で, $\angle x$, $\angle y$ の大きさを求めなさい。

□(1)

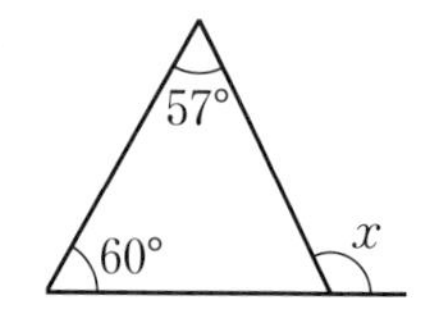

(　　　　)

□(2)

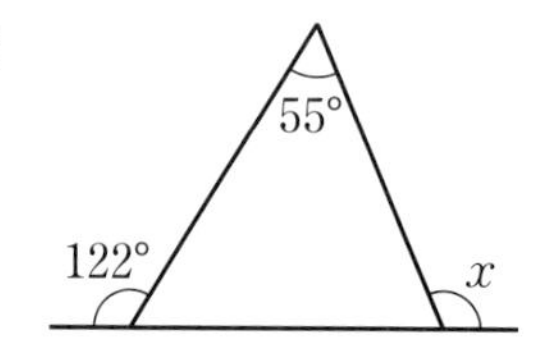

(　　　　)

□(3)

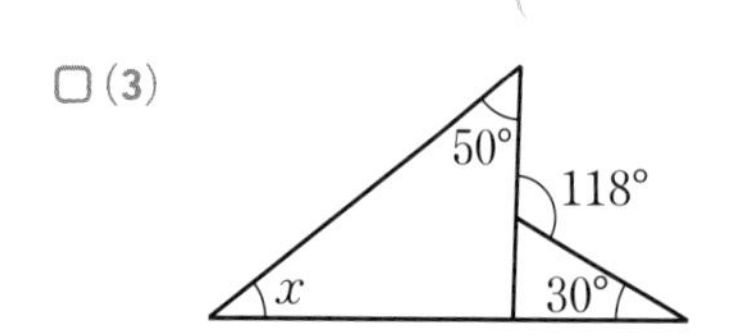

(　　　　)

□(4)

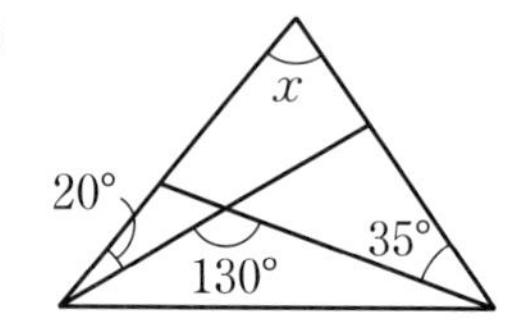

(　　　　)

□(5)

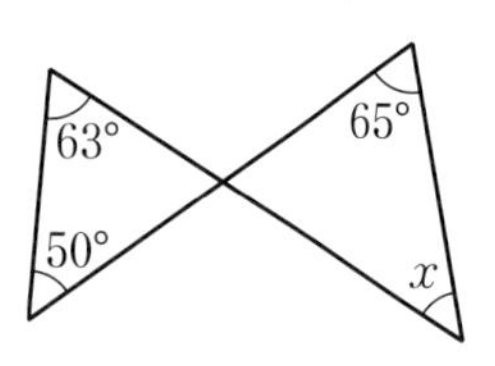

(　　　　)

□(6)

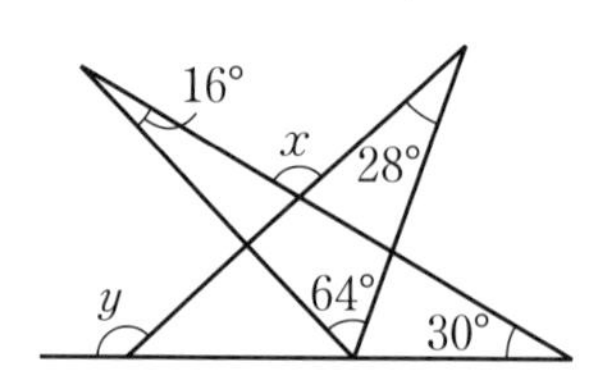

$\angle x=$ (　　　　)

$\angle y=$ (　　　　)

5

三角形の1つの外角は, それととなり合わない2つの内角の和に等しいことを利用します。

(5) 2つの三角形に共通な外角に着目します。

テスト得ダネ

わかる角度から書きこんでいきましょう。

[解答▶p.17]

【三角形の角②(図形の性質と補助線)】

6 次の図で，$\angle x$ の大きさを求めなさい。ただし，(1)～(5)では，$\ell \parallel m$ とします。

□(1)

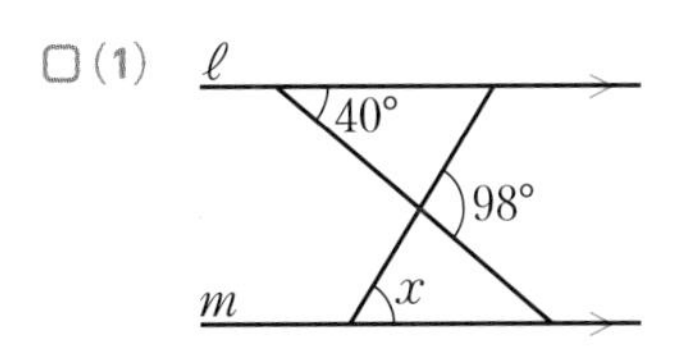

□(2)

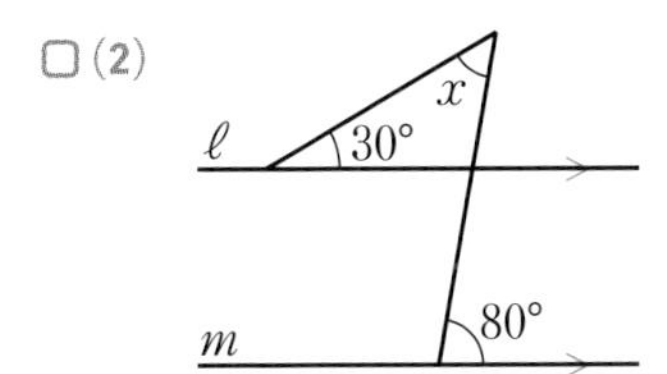

□(3)

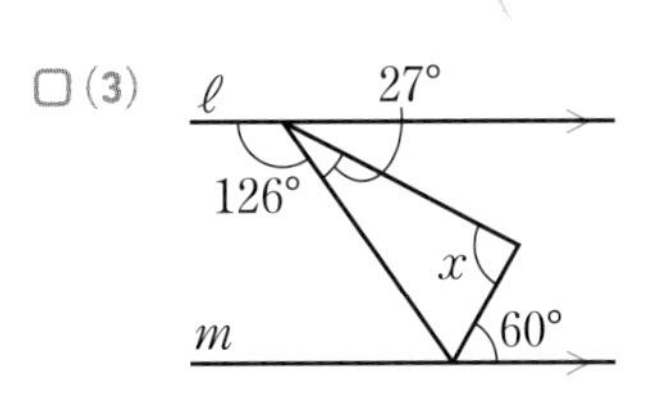

□(4)

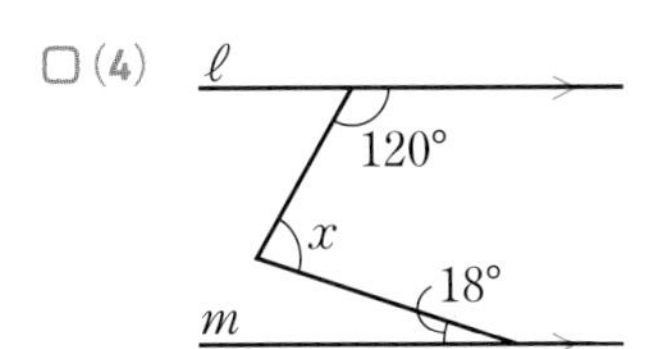

□(5)

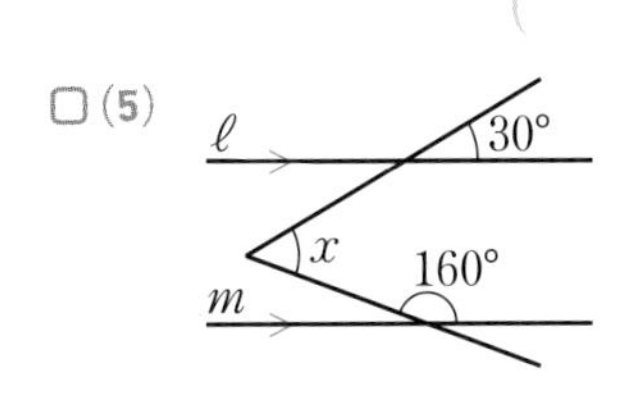

□(6)

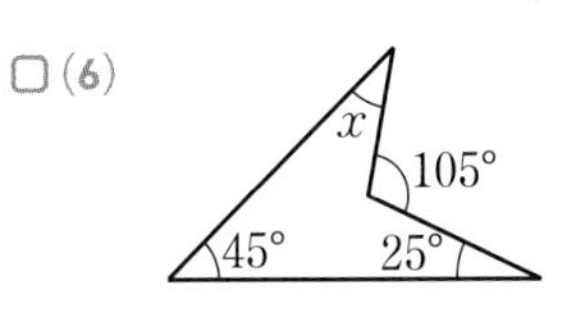

【多角形の内角，多角形の外角①】

7 多角形について，次の角の大きさを求めなさい。

□(1)　七角形の内角の和

□(2)　正十角形の1つの内角

□(3)　正五角形の1つの外角

ヒント

6

「三角形の外角は，これととなり合わない2つの内角の和に等しい」，「平行線の性質(同位角や錯角)」などを利用します。

ミスに注意

(3)～(6)のような問題は，まず補助線をひいて考えます。

テスト得ダネ

平行線と角では，同位角や錯角を複数組み合わせた角度を答える問題が出題されやすいです。

7

(1) n 角形の内角の和は，$180° \times (n-2)$ です。

(3) n 角形の外角の和は $360°$ です。

4章

【多角形の内角，多角形の外角②】

よく出る

8 次の図で，$\angle x$ の大きさを求めなさい。

□(1)

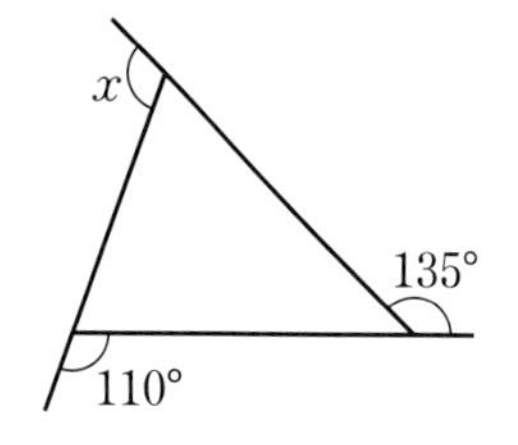

□(2)

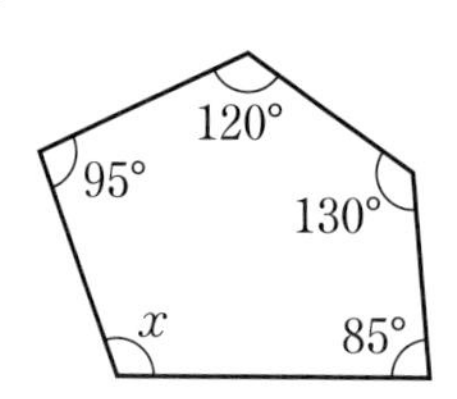

(　　　)　(　　　)

□(3)

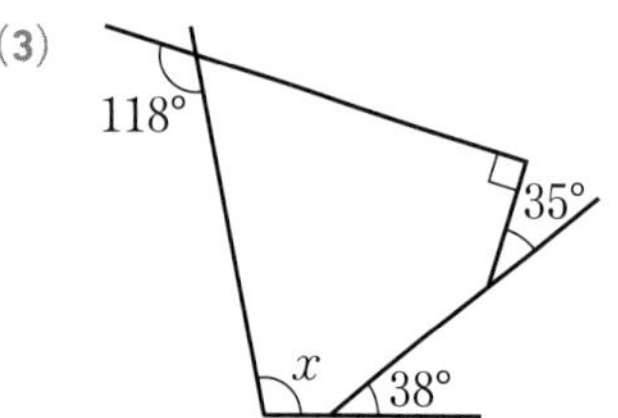

□(4)

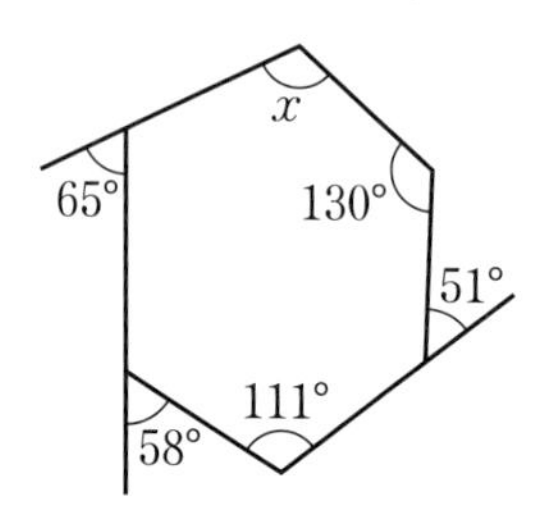

(　　　)　(　　　)

【図形の性質の調べ方】

点UP

9 右の図で，$\angle a$，$\angle b$，$\angle c$，$\angle d$，$\angle e$，$\angle f$ の和が360°であることを説明しなさい。

□

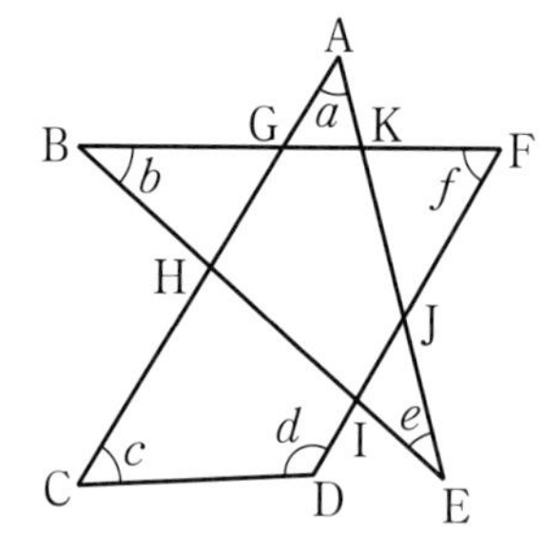

ヒント

8
n角形の内角の和は $180° \times (n-2)$，外角の和は360°です。
(3)(4)外角の大きさがかかれていない角は，180° −(内角)で外角を求めます。

テスト得ダネ
n角形の内角や外角を求める問題はよく出題されます。n角形の内角の和，外角の和の公式をしっかりおぼえましょう。

9
角の和が360°であることを説明するには，説明しやすいように角を移します。どこへ移すとよいか考えます。

[解答▶p.18]

Step 1 基本チェック 2節 図形の合同

15分

教科書のたしかめ [ ]に入るものを答えよう！

2節 図形の合同 ▶教 p.116-129 Step 2 ❶-❿

解答欄

□(1) 右の図の2つの三角形は合同（ごうどう）である。
このことを記号 ≡ を使って表すと，
△ABC[≡]△[QPR]
∠A と対応する角は∠[Q]
辺 PR と対応する辺は辺[BC]

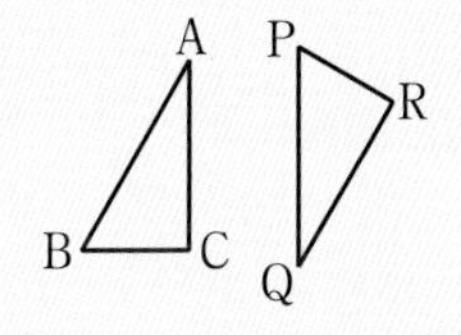

□(2) 右の図で，四角形 ABCD≡ 四角形 EFGH
であるとき，AB＝[EF]，BD＝[FH]，
∠ACD＝[∠EGH]

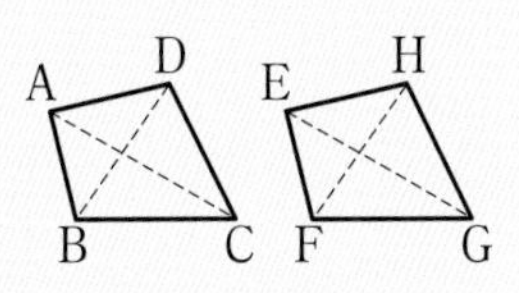

□(3) 右の図で，△ABC≡△DEF である
とき，DF＝[AC]＝[3]cm
∠E＝[∠B]＝[75°]

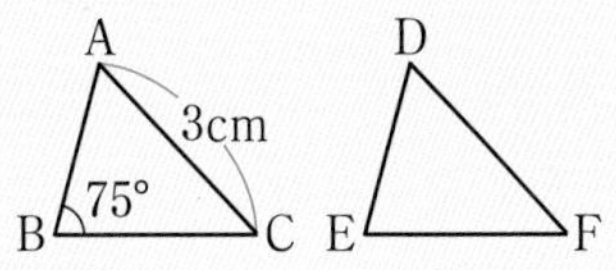

□(4) 右の図で，2つの三角形が合同であることを
記号を使って表すと，[△ABC≡△ADC]
このときの合同条件は，
[2組の辺とその間の角]がそれぞれ等しい。

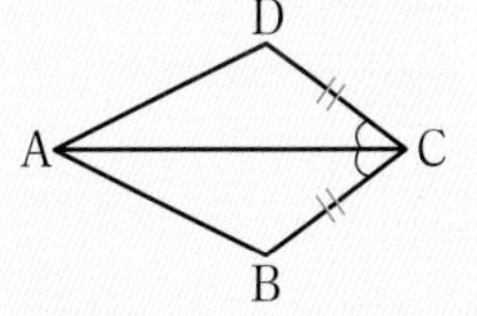

□(5) 次の(1)，(2)のことがらで，仮定（かてい）と結論（けつろん）をいいなさい。
(1) △ABC≡△DEF ならば，∠BAC＝∠EDF である。
仮定[△ABC≡△DEF]，結論[∠BAC＝∠EDF]
(2) △ABC において，AB＝AC ならば，∠B＝∠C である。
仮定[AB＝AC]，結論[∠B＝∠C]

(1)
(2)
(3)
(4)
(5)

教科書のまとめ ＿＿に入るものを答えよう！

□**合同な図形の性質** 合同な図形では，対応する 線分 の長さや 角 の大きさはそれぞれ等しい。

□**三角形の合同条件** 2つの三角形は，次のどれかが成り立つとき合同である。

① 3組の辺 がそれぞれ等しい。

② 2組の辺とその間の角 がそれぞれ等しい。

③ 1組の辺とその両端の角 がそれぞれ等しい。

□あることがらが正しいことを，すでに正しいと認められたことがらを根拠（こんきょ）として，あることがらが成り立つことをすじ道を立てて述べることを 証明 という。

□ことがらが，「a ならば b である」と表されているとき，a の部分を 仮定 ，b の部分を 結論 という。

4章

Step 2 予想問題 2節 図形の合同

【合同な図形】

1 次の四角形のなかから合同な四角形の組を選び，記号 ≡ を使って表しなさい。

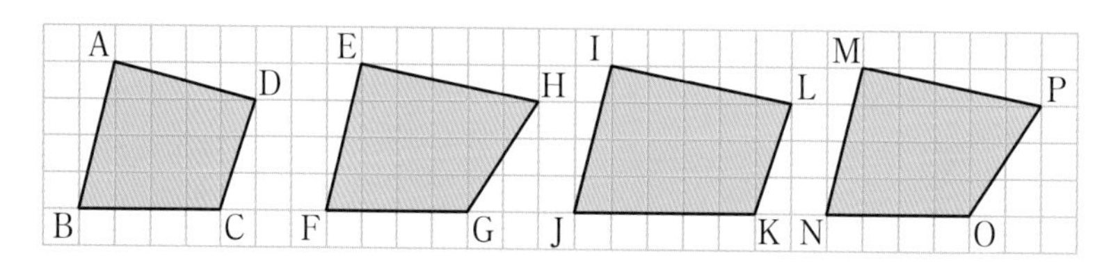

（　　　　　　　　　　）

【三角形の合同条件①】

よく出る

2 次の図で，合同な三角形はどれとどれですか。また，そのときの合同条件を，次の ①～③ から選んで答えなさい。

合同条件　① 3組の辺がそれぞれ等しい。

② 2組の辺とその間の角がそれぞれ等しい。

③ 1組の辺とその両端の角がそれぞれ等しい。

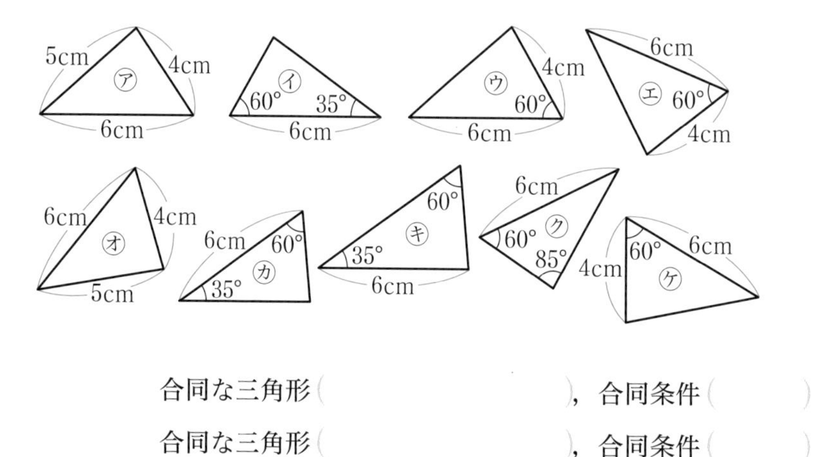

合同な三角形（　　　　　　），合同条件（　　）

合同な三角形（　　　　　　），合同条件（　　）

合同な三角形（　　　　　　），合同条件（　　）

ヒント

1

合同な図形は，対応する線分の長さや，角の大きさが等しいです。

2

合同条件にあてはめて考えます。対称移動（裏返す）させて重ね合わせることができる三角形もあります。

テスト得ダネ

三角形で，2つの角がわかると，もう1つの角も求められることに着目しましょう。また，三角形の合同条件は必ず覚えましょう。

［解答▶p.19］

【三角形の合同条件②】

❸ □ 右の図で，AD∥BC，AD＝BC のとき，合同な三角形はどれとどれですか。記号 ≡ を使って表しなさい。また，そのときの合同条件を❷の ①〜③ から選んで答えなさい。

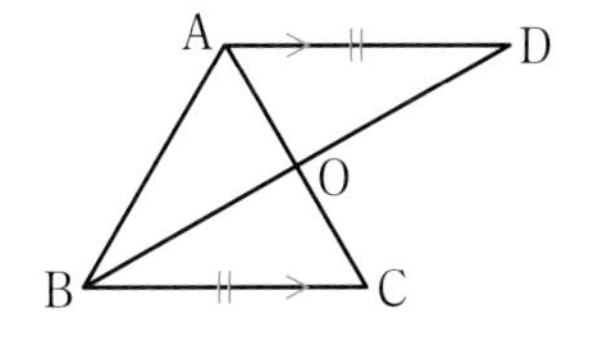

合同な三角形（　　　　　　），合同条件（　　　）

【仮定と結論①】

❹ 次の(1)，(2)で，仮定と結論をそれぞれいいなさい。

□(1) △ABC で，AB＝AC ならば，∠B＝∠C である。

仮定（　　　　　　），結論（　　　　　　）

□(2) a，b が連続する自然数ならば，$a+b$ は奇数である。

仮定（　　　　　　），結論（　　　　　　）

【仮定と結論②】

点UP ❺ □ 次のことがらを図に表し，仮定と結論をいいなさい。

∠XOY の二等分線上の点 P から，辺 OX，OY に引いた垂線の交点をそれぞれ A，B とすると，PA＝PB である。

仮定（　　　　　　），結論（　　　　　　）

ヒント

❸ 合同な図形を見つけるときには，見た目ではなく，根拠となる辺の長さや角の大きさが等しいかをきちんと確かめましょう。

❹ 「〜ならば，…である」という形式のときは，
〜の部分が仮定
…の部分が結論

❺ 仮定は3つあります。角の二等分線なので，2つの角の大きさが等しいことがいえます。垂直に交わるところは，垂直の記号を使っても，角度で表しても，どちらでもよいです。

4章

【証明のしくみ①】

よく出る

6 右の図の二等辺三角形 ABC で，頂点 A の二等分線と辺 BC との交点を M とすると，BM＝CM となります。次の(1)～(3)に答えなさい。

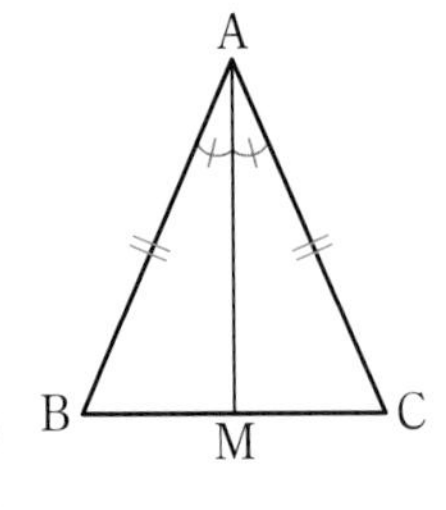

□(1) 仮定と結論をいいなさい。

仮定（　　　　　　　　　　）

結論（　　　　　　　　　　）

□(2) 仮定から結論を導くには，どの三角形とどの三角形の合同をいえばよいですか。

（　　　　　　　　　　）

□(3) （　）をうめて，次の証明を完成させなさい。ただし，㋓には，三角形の合同条件が入ります。

証明 △ABM と（㋐　　　　）で，

仮定から，　AB＝（㋑　　　　）……①

∠BAM＝（㋒　　　　）……②

共通な辺だから，　AM＝AM　……③

①，②，③ から，（㋓　　　　　　　　）ので，

△ABM≡（㋔　　　　）

合同な三角形の（㋕　　　　）だから，BM＝（㋖　　　　）

【証明のしくみ②】

7 正三角形 ABC の辺 AB，BC 上に点 D，E を，AD＝BE となるようにとります。このとき，AE＝CD であることを次のように証明しました。（　）にあてはまるものを答えなさい。ただし，(5)には，三角形の合同条件が入ります。

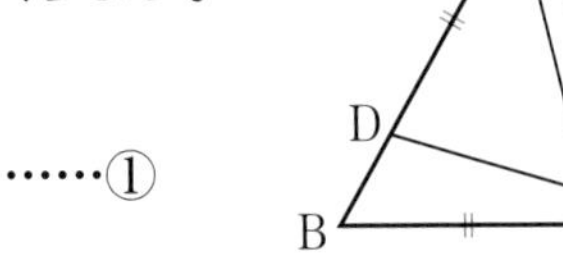

証明 △ABE と △CAD で，

仮定より，　BE＝（□(1)　　　　）……①

△ABC は正三角形だから，

AB＝（□(2)　　　　）……②

∠ABE＝∠（□(3)　　　　）＝（□(4)　　　　）°……③

①，②，③ から，（□(5)　　　　　　　　）ので，

△ABE≡△（□(6)　　　　）

合同な三角形の（□(7)　　　　）だから，

AE＝（□(8)　　　　）

ヒント

6

(1)仮定は 2 つあります。図に記号で示されていることを式で表します。

テスト得ダネ

仮定と結論を答えてから証明をする問題はよく出ます。仮定と結論をしっかり確認してから証明する習慣をつけましょう。証明問題では，どの合同条件を使っているかも問われます。三角形の合同条件は，正確におぼえておきましょう。

7

正三角形の各辺の長さは等しいです。また，内角の大きさは 60°です。

ミスに注意

等しい辺や角，合同な三角形は，かならず対応する頂点の順に並べて書きましょう。

[解答▶p.19]

【証明のしくみ③】

8 右の図で，AB＝DC，AC＝DB ならば，∠BAC＝∠CDB であることを証明しなさい。

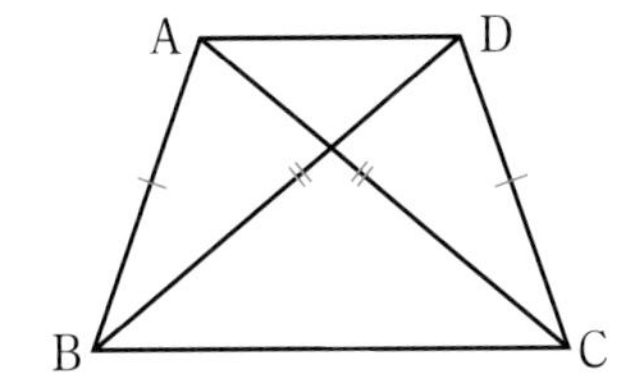

ヒント

8
AB＝DC，AC＝DB が仮定で，∠BAC＝∠CDB が結論です。

ミスに注意
合同であることを証明する2つの三角形を，選びまちがえないように気をつけましょう。

【証明のしくみ④】

点UP

9 右の図で，AD∥BC である台形 ABCD の辺 AB の中点を P とし，線分 CP の延長と辺 AD の延長との交点を Q とします。このとき，PQ＝PC であることを証明しなさい。

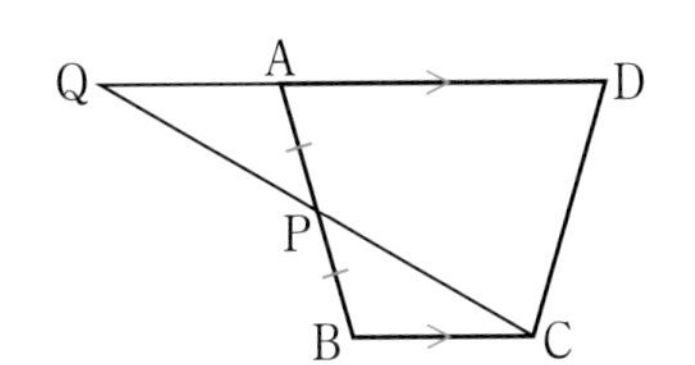

9
AD と BC は平行な2直線であり，それらに直線 AB が交わっていることに注目します。

【直接測ることのできない距離を求める方法】

10 **池の両端に木 A，B があります。この2本の木の間の距離 AB を次の方法で求めます。**

① 陸地に点 C を定める。

② BC＝DC，∠ACB＝∠ACD となるように点 D を定める。

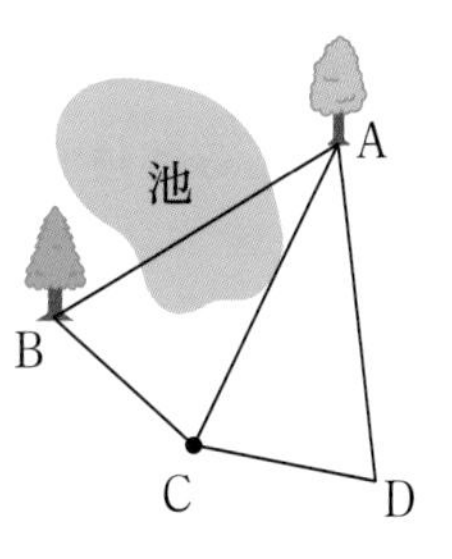

10
三角形の合同を使って距離を求めます。三角形のどの合同条件にあてはまるかを考えましょう。

(1) 2本の木の間の距離を求めるには，どの長さを測ればよいですか。

(　　　　　)

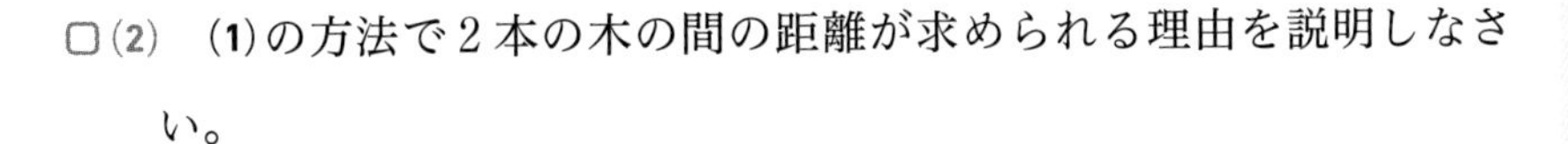

(2) (1)の方法で2本の木の間の距離が求められる理由を説明しなさい。

Step 3 予想テスト　4章 平行と合同

30分　　/100点　目標 80点

1 次の図で，$\angle x$ の大きさを求めなさい。ただし，(1)～(5)では，$\ell /\!/ m$ とし，同じ印をつけた角は等しいとします。知

36点(各4点)

□(1)

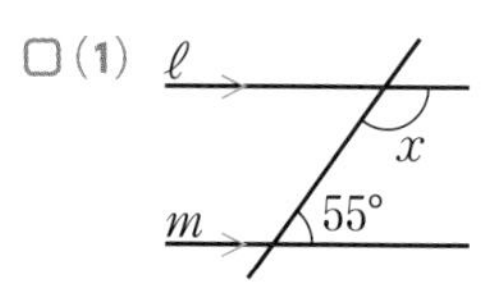

□(2)

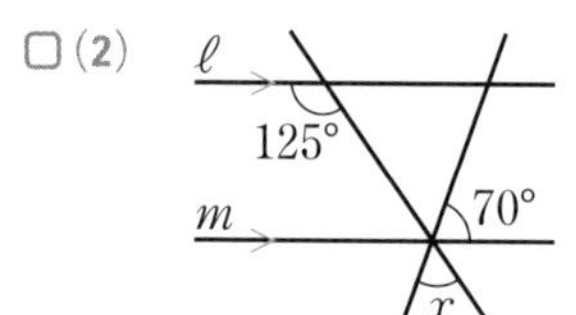

□(3)

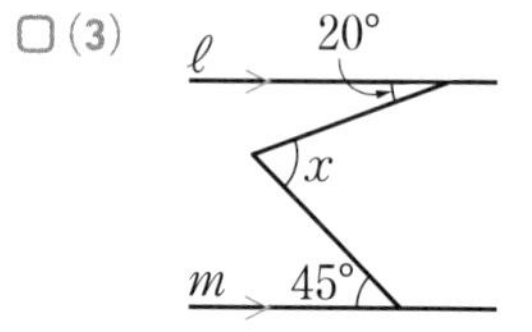

□(4)

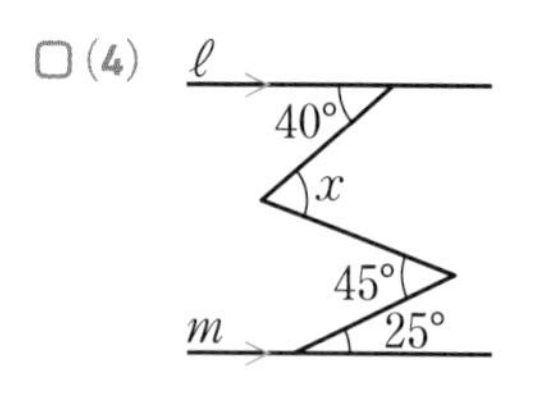

□(5)

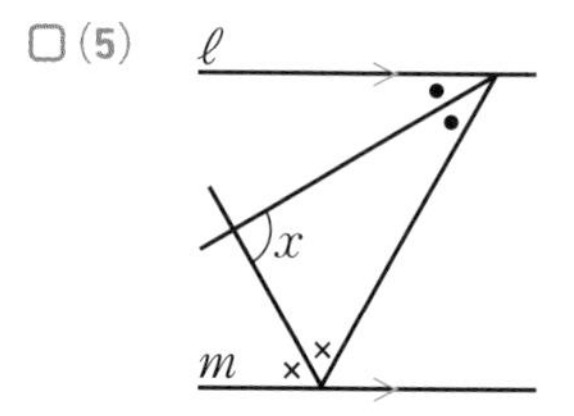

□(6)

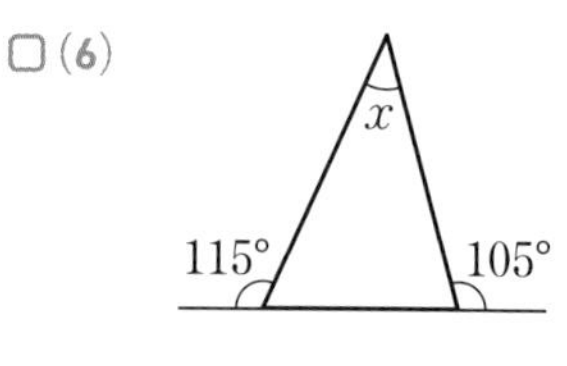

□(7)

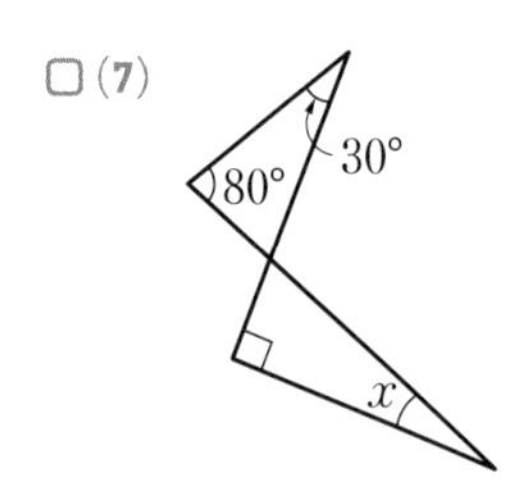

□(8)

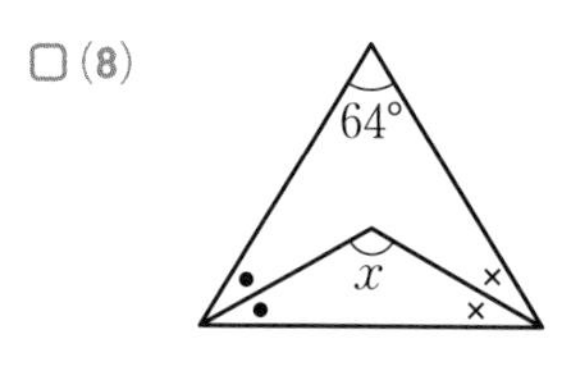

□(9)

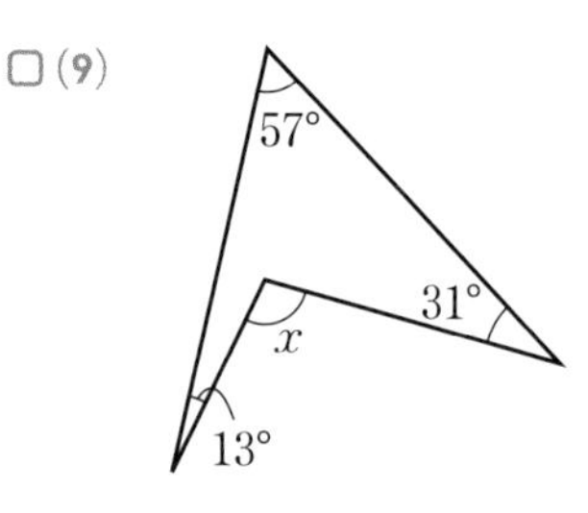

2 次の(1)～(4)に答えなさい。知

16点(各4点)

□(1)　正十六角形の1つの外角の大きさを求めなさい。

□(2)　正二十角形の内角の和を求めなさい。

□(3)　1つの外角の大きさが45°であるのは正何角形ですか。

□(4)　内角の和が1800°である多角形は，何角形ですか。

3 右の図で，五角形ABCDEの内角の大きさはすべて等しく，頂点A，Dは，それぞれ平行な2直線 ℓ，m 上にあります。また，DEの延長と直線 ℓ との交点をFとします。次の(1)～(4)に答えなさい。考

16点(各4点)

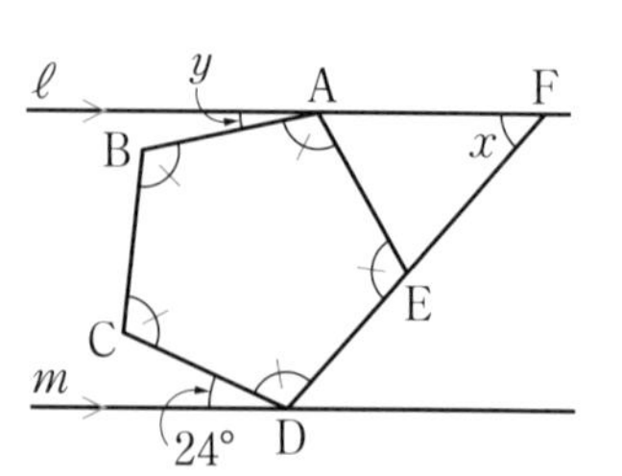

□(1)　五角形ABCDEの1つの外角の大きさを求めなさい。

□(2)　五角形ABCDEの1つの内角の大きさを求めなさい。

□(3)　$\angle x$ の大きさを求めなさい。

□(4)　$\angle y$ の大きさを求めなさい。

❹ 次の㋐～㋔のなかから，合同な三角形の組を選びなさい。また，合同条件を書きなさい。知

□ 8点(各4点)

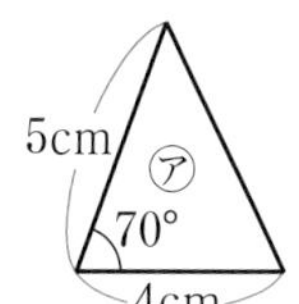

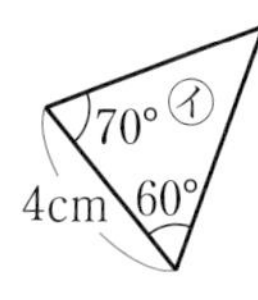

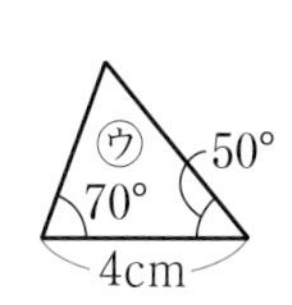

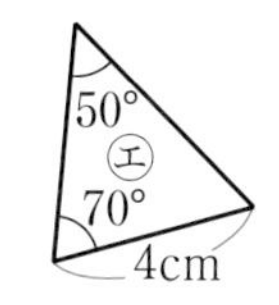

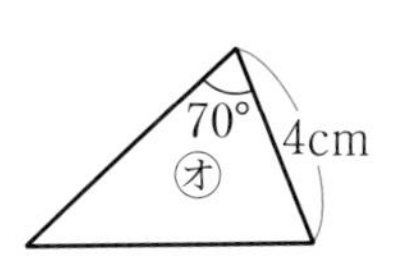

❺ 次のことがらの仮定と結論をいいなさい。知 9点(各3点)

□(1) △ABC で，∠B＝∠C ならば，AB＝AC である。

□(2) △ABC で，∠A＋∠B＝90°ならば，∠C＝90°である。

□(3) $x>0$，$y<0$ ならば，$xy<0$ である。

点UP

❻ 右の図の △ABC で，辺 AB，BC の垂直二等分線の交点を O とすると，OA＝OB＝OC になります。次の(1)～(3)に答えなさい。考 15点((2)完答，各5点)

□(1) 仮定と結論を，等号＝や，垂直の記号⊥を使って表しなさい。

□(2) 仮定から結論を導くのに，どの三角形とどの三角形の合同をいえばよいですか。2組答えなさい。

□(3) OA＝OB を証明しなさい。

O C N A M B

❶	(1)	(2)	(3)	(4)
	(5)	(6)	(7)	(8)
	(9)			
❷	(1)	(2)	(3)	(4)
❸	(1)	(2)	(3)	(4)
❹	合同な三角形	合同条件		
❺	(1)(仮定)		(結論)	
	(2)(仮定)		(結論)	
	(3)(仮定)		(結論)	
❻	(1)(仮定)		(結論)	
	(2)			
	(3)			

4章

Step 1 基本チェック　1節 三角形

15分

教科書のたしかめ　[　]に入るものを答えよう！

1節 三角形

▶ 教 p.136-147　Step 2 ❶-❻

解答欄

□(1) 右の図で，AB＝AC，DA＝DB であるとき，
∠CAB＝[40°]，∠ACB＝[70°]，
∠CBD＝[30°]

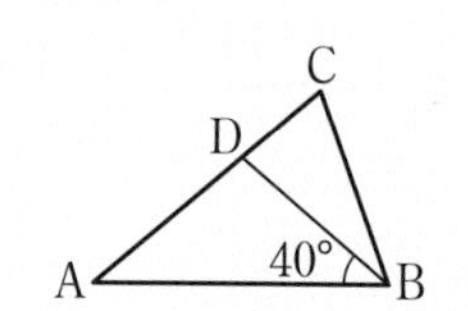

(1)

□(2) ∠A を頂角とする二等辺三角形 ABC で，
∠A の二等分線と底辺 BC との交点を D
とすると，AD[⊥]BC，BD[＝]CD
が成り立つ。

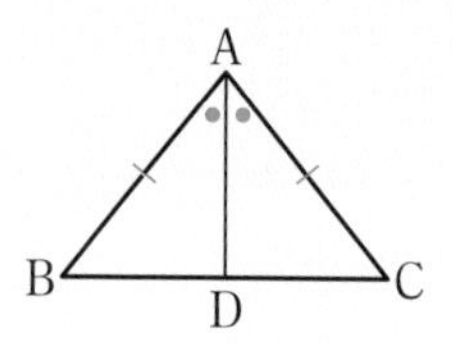

(2)

□(3) 右の図の △ABC は，∠B＝[65°]＝∠[C]
だから，[AB＝AC]の[二等辺三角形]である。

A
50°
65°
B
C

(3)

□(4) 「a＝0，b＝0 ならば，a＋b＝0 である。」の逆(ぎゃく)は，
「[a＋b＝0]ならば，a＝0，b＝0 である。」
これは[正しくない]。反例は，a＝1，b＝[−1]のとき，
a＋b＝[0]となるが，a＝0，b＝0 にはならない。

(4)

右の㋐〜㋒は，いずれも合同な直角三角形である。

㋐ 4cm 60° 8cm
㋑ 4cm 8cm
㋒ 30° 8cm

□(5) ㋐と㋑において，直角三角形の合同条件
「斜辺(しゃへん)と[他の 1 辺]がそれぞれ等しい。」
が成り立つ。

(5)

□(6) ㋐と㋒において，直角三角形の合同条件
「斜辺と[1 鋭角]がそれぞれ等しい。」
が成り立つ。

(6)

教科書のまとめ　＿＿ に入るものを答えよう！

□ 用語の意味を，はっきりと簡潔に述べたものを，その用語の 定義 という。

□ 二等辺三角形の定義(ていぎ)は，「2 つの 辺 が等しい三角形」である。

□ 二等辺三角形の等しい 2 辺の間の角を 頂角 ，頂角(ちょうかく)に対する辺を 底辺 ，底辺(ていへん)の両端(りょうたん)の角を 底角 という。二等辺三角形の 頂角 の二等分線は， 底辺 を垂直に 二等分 する。

□ すでに証明されたことがらのうちで，証明の根拠(こんきょ)としてよく使われるものを 定理 という。

□ あることがらが成り立たないことを証明するには， 反例 を 1 つあげればよい。

□ 正三角形の定義は，「3 つの 辺 が等しい三角形」である。

□ 2 つの直角三角形は，次のどちらかが成り立つとき合同である。
①斜辺と他の 1 辺 がそれぞれ等しい。　②斜辺と 1 鋭角 がそれぞれ等しい。

Step 2 予想問題　1節 三角形

【二等辺三角形の性質①】

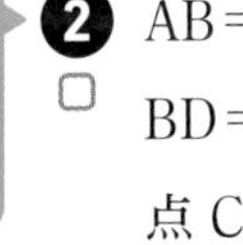

❶ 次の図で，同じ印をつけた辺の長さが等しいとき，$\angle x$ の大きさを求めなさい。

□(1)

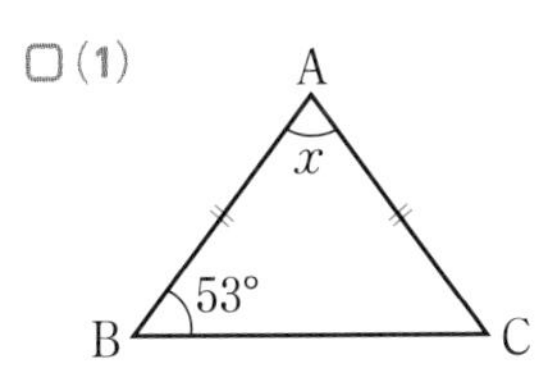

□(2)

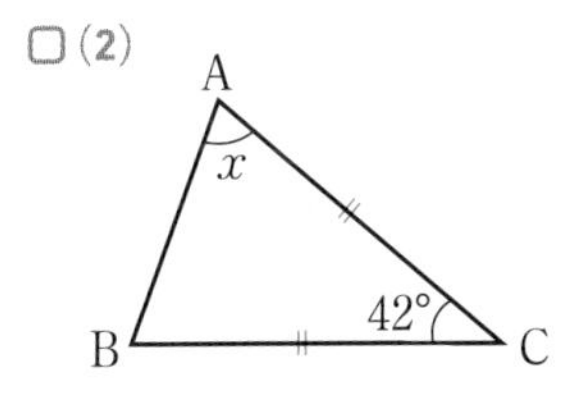

□(3)

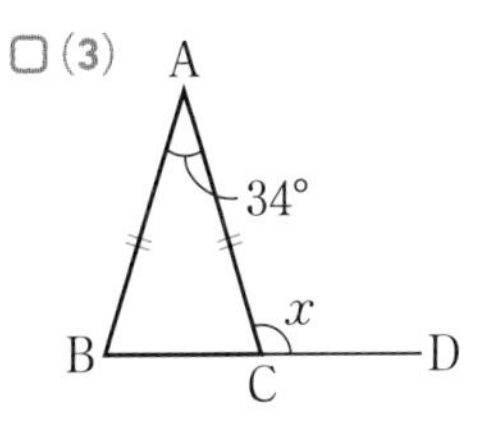

$\angle x=$(　　　)　$\angle x=$(　　　)　$\angle x=$(　　　)

【二等辺三角形の性質②】

よく出る

❷ □ AB＝AC の二等辺三角形 ABC で，辺 AB，AC 上に BD＝CE となるような点 D，E をとり，それぞれ頂点 C，B と結びます。このとき，△DBC≡△ECB であることを証明しなさい。

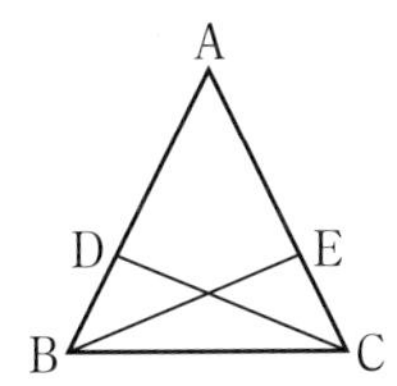

【二等辺三角形であるための条件】

❸ □ AB＝AC の二等辺三角形 ABC で，辺 BC 上に BP＝CQ となるような点 P，Q をとり，それぞれ頂点 A と結びます。このとき，△APQ は二等辺三角形となることを証明しなさい。

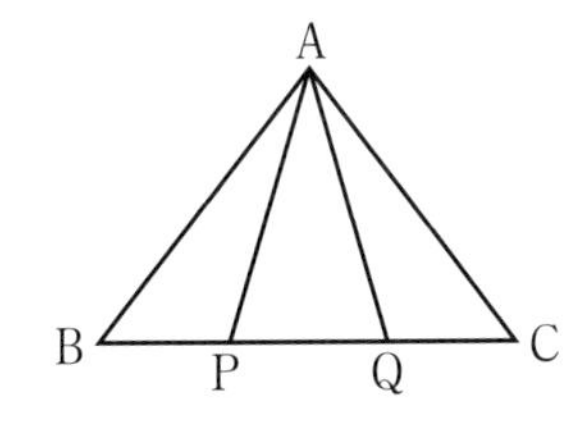

ヒント

❶ 二等辺三角形の底角が等しいことを利用します。

❷ △ABC は二等辺三角形なので，∠ABC＝∠ACB であることを使いましょう。

テスト得ダネ

三角形の合同を証明する問題はよく出題されます。合同条件をしっかり復習しておきましょう。

❸ 三角形の合同を示すことによって，AP＝AQ を示します。

[解答▶p.22]

【逆】

4 次のことがらの逆をいいなさい。また，それが正しいかどうか調べなさい。正しくない場合は，反例をあげて示しなさい。

□(1) $a>0$，$b>0$ ならば，$ab>0$ である。

逆（　　　　）

正誤(反例)（　　　　）

□(2) △ABCが正三角形ならば，△ABCの3つの内角の大きさは等しい。

逆（　　　　）

正誤(反例)（　　　　）

□(3) n が4の倍数ならば，n^2 は4の倍数である。

逆（　　　　）

正誤(反例)（　　　　）

【正三角形】

5 正三角形ABCで，2辺BC，CA上にCD＝AEとなるように点D，Eをとります。ADとBEの交点をPとするとき，次の(1)，(2)に答えなさい。

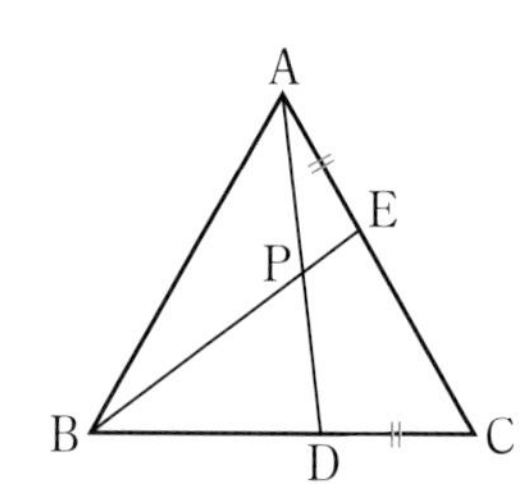

□(1) △ABE≡△CADを証明しなさい。

□(2) ∠APBの大きさを求めなさい。

（　　　　）

【直角三角形の合同条件】

6 □ 右の図で，∠BAC＝∠BDC＝90°で，辺ACと辺DBとの交点をEとします。EB＝ECならば，AC＝DBであることを証明しなさい。

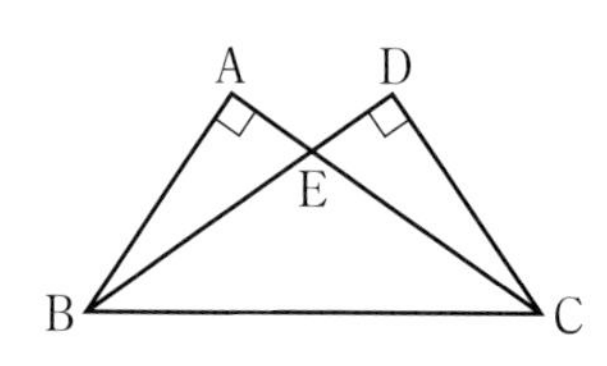

ヒント

4
仮定と結論を入れかえて逆をつくります。
成り立たないときは，反例(そのことがらが成り立たない具体例)を示すことが必要です。

テスト得ダネ
もとのことがらが正しくても，その逆は正しくないことがあります。

5
(1)正三角形はすべての辺の長さと角の大きさが等しい三角形です。
(2)∠APBは，△APEの頂点Pにおける外角です。

6
まず，合同な直角三角形を見つけて，合同であることを証明していきましょう。

[解答▶p.22-23]

Step 1 基本チェック 2 節 四角形 3 節 三角形や四角形の性質の利用

15分

教科書のたしかめ ［ ］に入るものを答えよう！

2 節 四角形 ▶ 教 p.148-161 Step 2 ❶-❻

解答欄

□(1) 平行四辺形には，次の性質がある。
①2 組の対辺はそれぞれ等しい。
②2 組の［ 対角 ］はそれぞれ等しい。
③2 つの対角線はそれぞれの［ 中点 ］で交わる。

□(2) 下の平行四辺形で，x，y の値を求めなさい。

㋐ 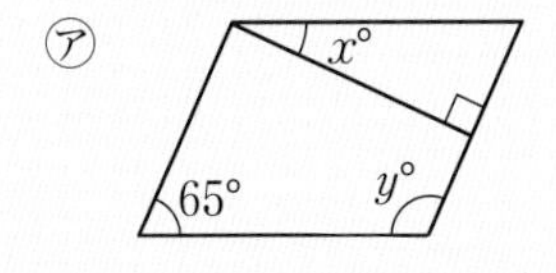

㋑ 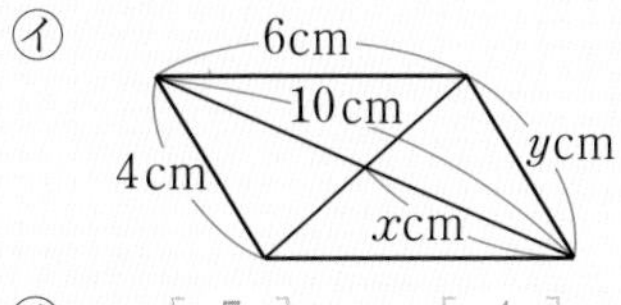

㋐ x＝［ 25 ］ y＝［ 115 ］　㋑ x＝［ 5 ］ y＝［ 4 ］

□(3) 右の四角形が平行四辺形になるようにしなさい。

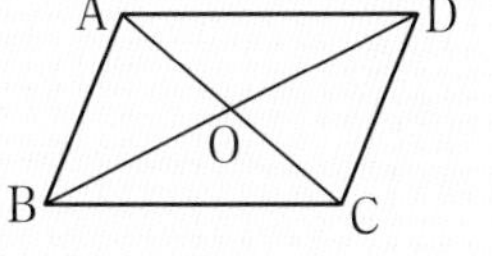

㋐ AB＝DC，［ AD ］＝［ BC ］
㋑ ∠ABC＝∠CDA，∠BAD＝［ ∠DCB ］
㋒ AD∥［ BC ］，AD＝［ BC ］
㋓ AO＝［ CO ］，BO＝［ DO ］

□(4) ▱ABCD に ∠A＝90°の条件を加えると［ 長方形 ］になる。

□(5) ▱ABCD に AB＝BC の条件を加えると［ ひし形 ］になる。

□(6) ▱ABCD に長方形とひし形の性質を加えると［ 正方形 ］になる。

□(7) 右の図で，$\ell \parallel m$ のとき，
△ABC と［ △DBC ］の面積は等しい。
△ABD と［ △ACD ］の面積は等しい。
△OAB と［ △ODC ］の面積は等しい。

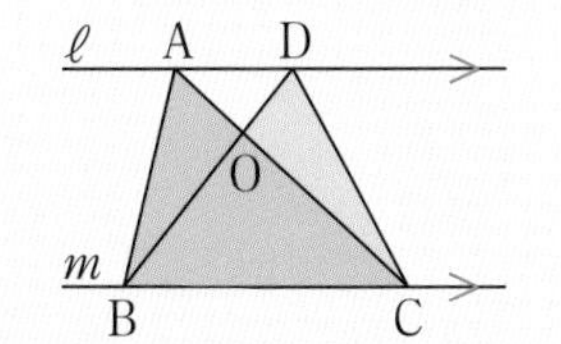

(1)
(2)㋐ ／
㋑ ／
(3) ／
／
／
(4)
(5)
(6)
(7)

3 節 三角形や四角形の性質の利用 ▶ 教 p.162-163 Step 2 ❼

教科書のまとめ ＿＿ に入るものを答えよう！

□ 四角形の向かい合う辺を 対辺，向かい合う角を 対角 という。

□ **平行四辺形であるための条件** …四角形は，次のどれかが成り立てば，平行四辺形である。
①2 組の対辺（たいへん）がそれぞれ 平行 である。（定義）　②2 組の対辺がそれぞれ等しい。
③2 組の 対角 がそれぞれ等しい。　④2 つの対角線がそれぞれの 中点 で交わる。
⑤1 組の対辺が 平行 で等しい。

□ **長方形の定義** 4 つの角 が 等しい 四角形。　□ **ひし形の定義** 4 つの辺 が 等しい 四角形。

□ **正方形の定義** 4 つの角 が等しく，4 つの辺 が等しい四角形。

Step 2 予想問題 2節 四角形 3節 三角形や四角形の性質の利用

1ページ 30分

【平行四辺形の性質①】

1 ▱ABCD で，2組の対角がそれぞれ等しいことを，次のように証明しました。（　）をうめて，証明を完成させなさい。ただし，(4)には三角形の合同条件，(8)には結論が入ります。

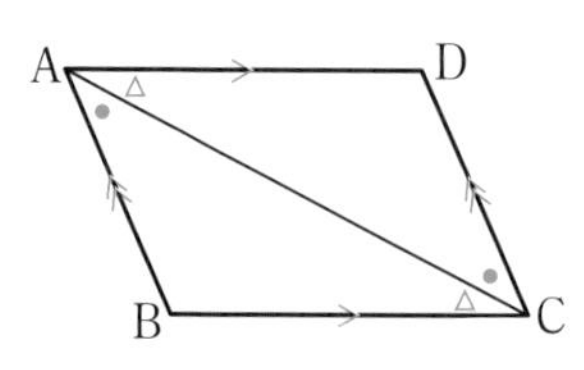

証明 対角線 AC を引く。△ABC と △CDA において

平行線の錯角は等しいから，　∠BAC＝（(1)　）……①

∠BCA＝（(2)　）……②

共通な辺だから，　AC＝（(3)　）……③

①，②，③ から，（(4)　）ので，

△ABC≡△CDA

対応する角だから，∠ABC＝（(5)　）

同様にして，△ABD≡（(6)　）より，

∠BAD＝（(7)　）

したがって，平行四辺形の（(8)　）

【平行四辺形の性質②】

2 次の図の平行四辺形で，x，y の値を求めなさい。

(1)

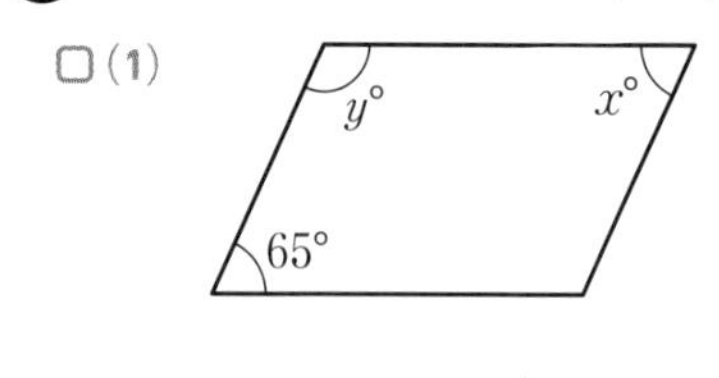

x＝（　）

y＝（　）

(2)

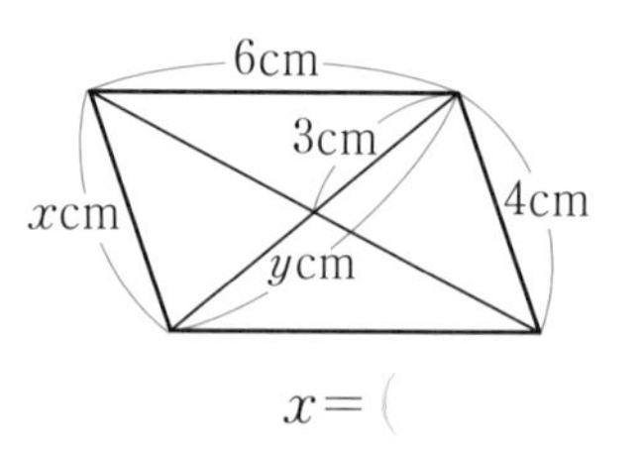

x＝（　）

y＝（　）

【平行四辺形であるための条件】

3 次の㋐～㋒のうち，四角形 ABCD が平行四辺形であるといえるものをすべて答えなさい

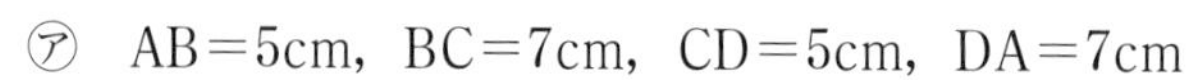

㋐ AB＝5cm，BC＝7cm，CD＝5cm，DA＝7cm

㋑ ∠A＝60°，∠B＝120°，∠C＝120°，∠D＝60°

㋒ AB＝6cm，CD＝6cm，∠A＝105°，∠D＝75°

（　）

ヒント

1

対応する図形の関係に気をつけて，辺や角を書きます。

テスト得ダネ

平行四辺形の性質を証明するときには，平行線の性質「同位角は等しい」，「錯角は等しい」がよく使われます。

2

(1)平行四辺形では，2組の対角はそれぞれ等しいです。

(2)平行四辺形では，2つの対角線はそれぞれの中点で交わります。

3

平行四辺形になる条件にあてはまるかどうかを調べましょう。

[解答▶p.23-24]

【特別な平行四辺形①】

❹ 次の定義によって表される四角形の名前を書きなさい。

□(1) 4つの辺が等しい四角形 (　　　　)

□(2) 4つの角が等しい四角形 (　　　　)

□(3) 4つの辺が等しく，4つの角が等しい四角形 (　　　　)

【特別な平行四辺形②(ひし形であることの証明)】

❺ 右の図の ▱ABCD で，頂点 A，C からそれぞれ CD，AD に垂線 AE，CF をひきます。AE＝CF ならば，四角形 ABCD はひし形であることを証明しなさい。

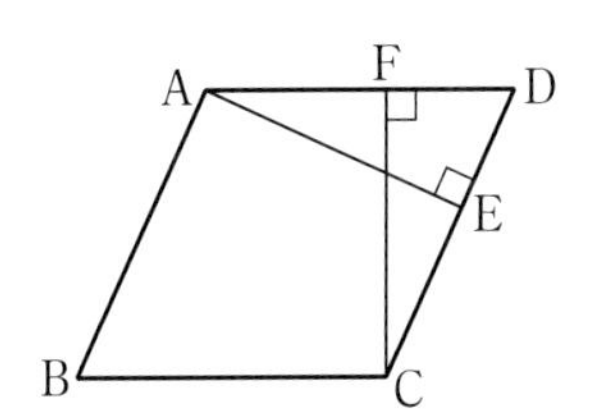

【平行線と面積】

よく出る

❻ 右の図で，DE∥AC のとき，四角形 DBEF と面積の等しい三角形をすべて答えなさい。

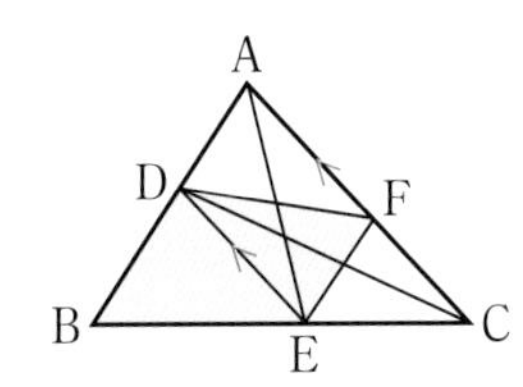

(　　　　)

【三角形や四角形の性質の利用(ひし形であることの証明)】

❼ 右の図は，幅が一定のテープを折り返して，正五角形 ABCDE をつくったものです。直線 AD と CE の交点を F としたとき，四角形 ABCF はひし形であることを証明しなさい。

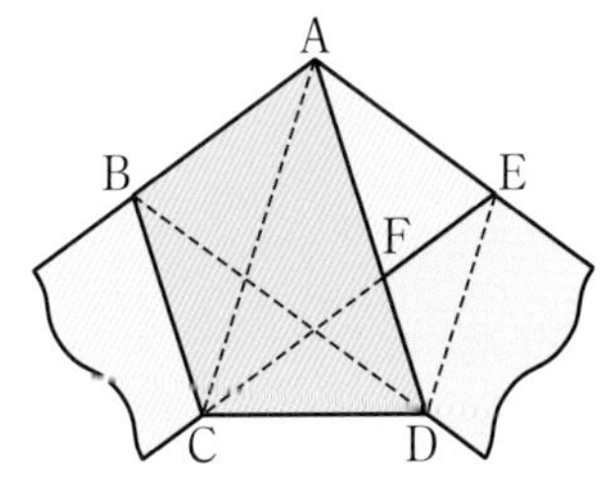

ヒント

❹

テスト得ダネ

図形の定義は，しっかり覚えておきましょう。

❺

△ADE≡△CDF より，AD＝CD を示します。

ミスに注意

ひし形以外の図形の定義と混同しないように注意します。

❻

△DEF と面積が等しい三角形を探します。

❼

正五角形の5つの辺の長さは，すべて等しいことに着目します。

5章

Step 3 予想テスト　5章 三角形と四角形

30分　／100点　目標 80点

1 次の図で，AB＝AC です。$\angle x$ の大きさを求めなさい。知　16点(各8点)

□(1)

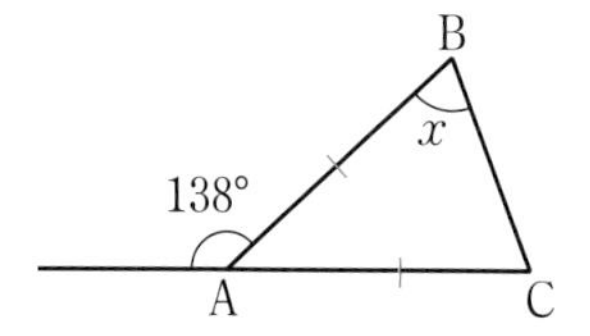

□(2)

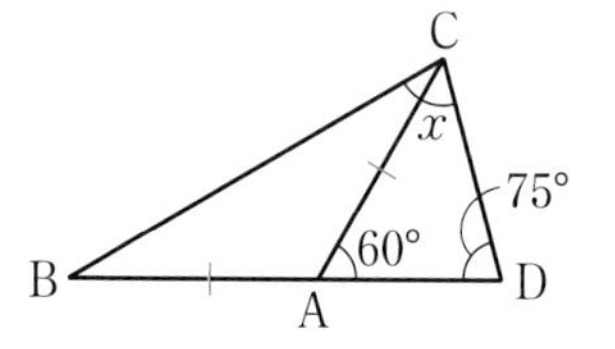

2 右の図で，△ABC は AB＝AC の二等辺三角形です。△ABC の∠B の外角の二等分線と，点 A を通り辺 BC に平行な直線の交点を E とするとき，AB＝AE であることを証明しなさい。考　15点

□

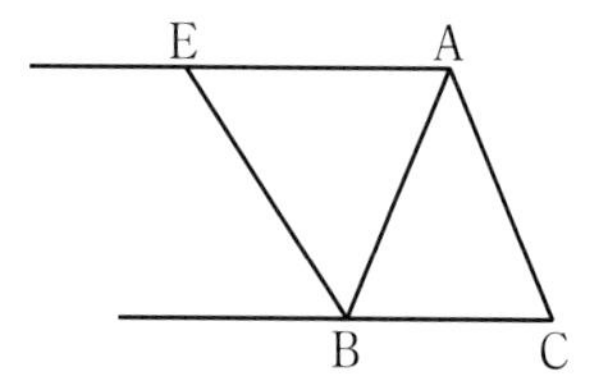

3 AB＝AC である直角二等辺三角形 ABC において，頂点 B，C から頂点 A を通る直線にひいた垂線をそれぞれ BD，CE とします。このとき，BD＝AE，AD＝CE であることを証明しなさい。考　15点

□

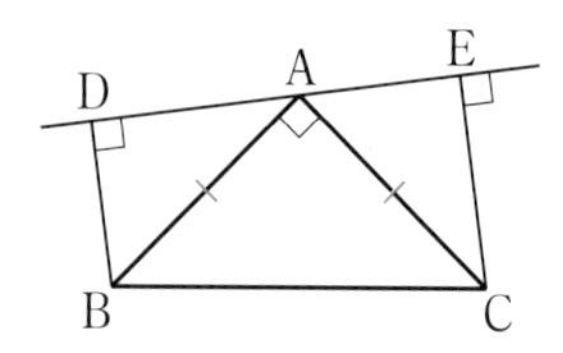

4 右の図で，四角形 ABCD は平行四辺形で，点 E は，∠BAD の二等分線と辺 BC の交点です。∠AEC の大きさを求めなさい。知　10点

□

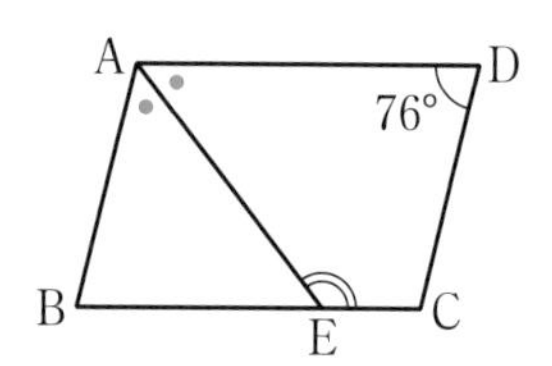

5 ▱ABCD で，対角線の交点 O を通る直線をひき，辺 AB，CD と交わる点をそれぞれ E，F とする。2点 A と F，2点 C と E をそれぞれ結ぶと，四角形 AECF は平行四辺形であることを証明しなさい。考

□

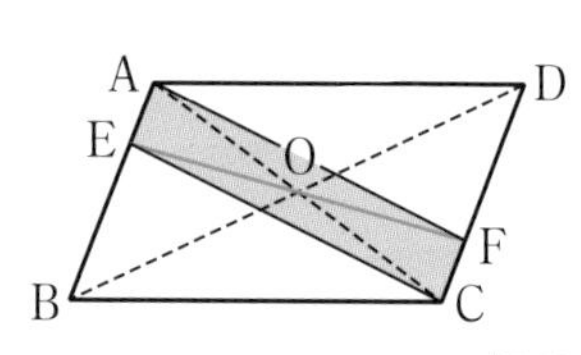

15点

6 四角形 ABCD の対角線の交点を O とします。次の条件だけをみたす四角形はどんな四角形ですか。知 考

16 点（各 8 点）

□ (1) OA＝OB＝OC＝OD

□ (2) ∠A＝∠C，∠B＝∠D，AC⊥BD

7 右の図は，AD∥BC の台形です。AD＝2 cm，BE＝4 cm，EC＝3 cm のとき，△ABE と台形 AECD の面積の比を求めなさい。知 考

13 点

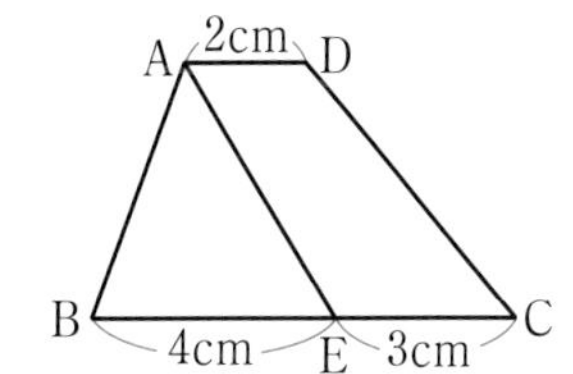

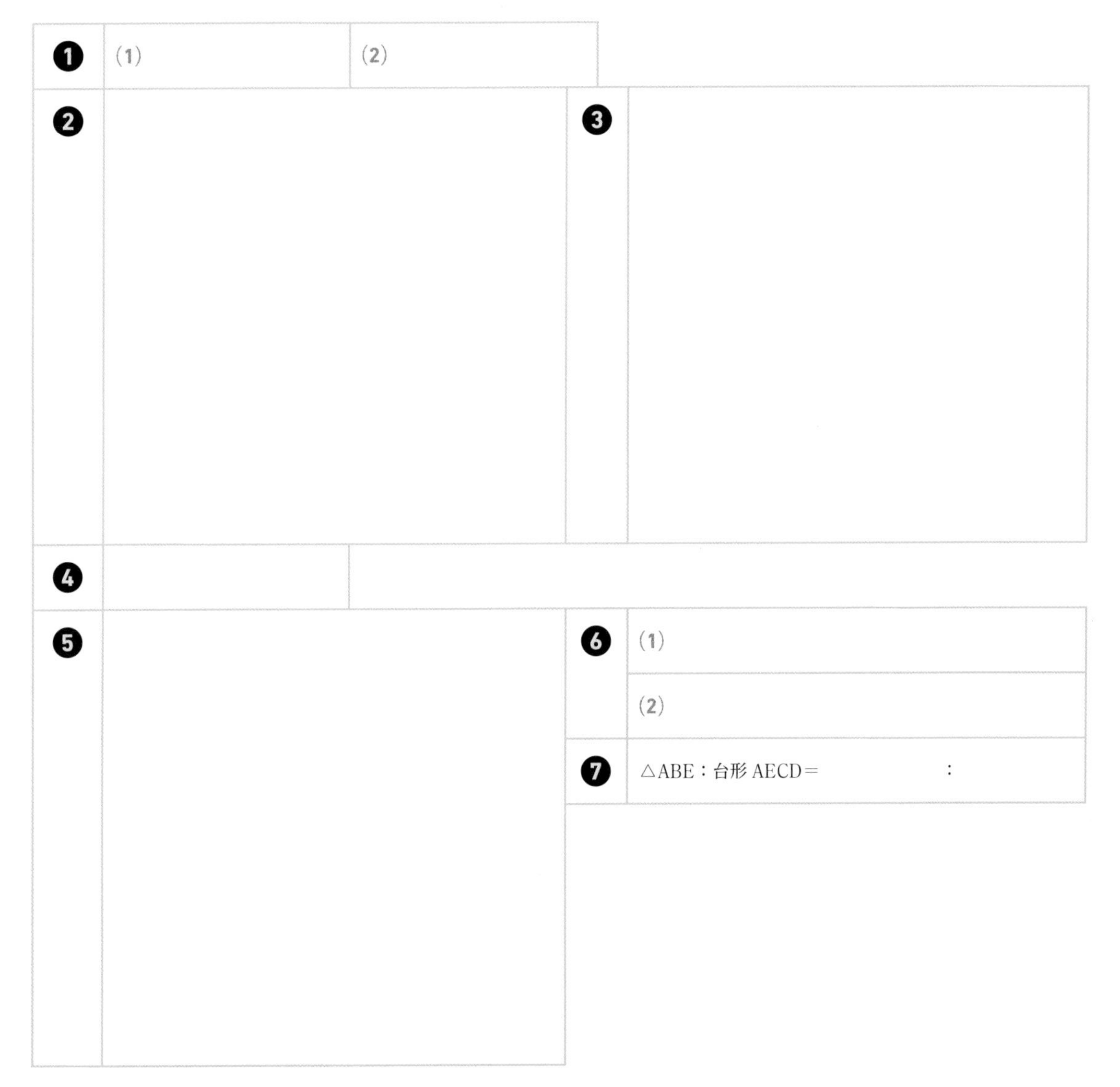

  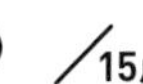   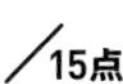   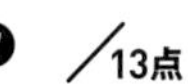

1 ／16点 2 ／15点 3 ／15点 4 ／10点 5 ／15点 6 ／16点 7 ／13点

［解答▶p.25］

Step 1 基本チェック 1節 箱ひげ図／2節 箱ひげ図の利用

15分

教科書のたしかめ [ ]に入るものを答えよう！

1節 箱ひげ図

▶ 教 p.170-175 Step 2 ❶

解答欄

次のデータは，ある野球チームの最近 19 試合での得点のデータを，少ない順に並べかえたものである。

0	1	1	1	2	3	3	3	4	4	5	5	6	7	7	8	9	9	10

□(1) 中央値は[4点]である。 (1)

□(2) 第1四分位数（だいいちしぶんいすう）は[2点]，第3四分位数は[7点]である。 (2) ／

□(3) 四分位範囲（しぶんいはんい）は[5点]である。 (3)

□(4) このデータの箱ひげ図（はこひげず）は，下の図の[㋑]である。 (4)

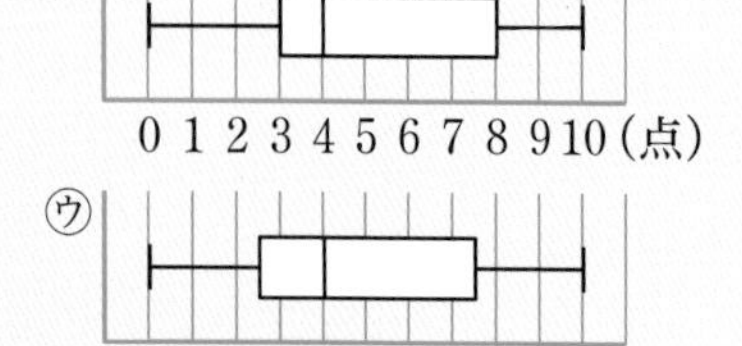

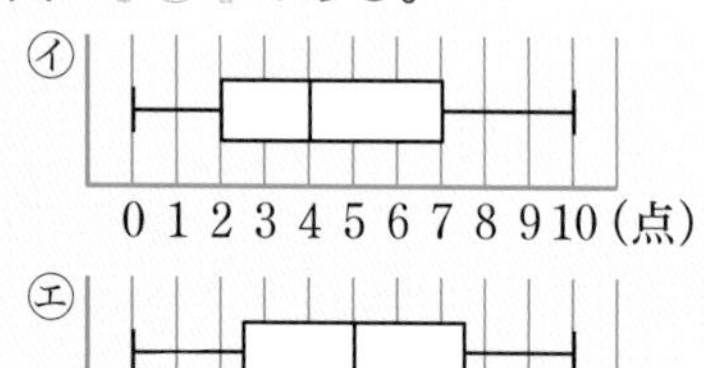

㋒
0 1 2 3 4 5 6 7 8 9 10 (点)

㋓
0 1 2 3 4 5 6 7 8 9 10 (点)

2節 箱ひげ図の利用

▶ 教 p.176-177 Step 2 ❷

□(5) 右の図は，1組と2組の生徒40人ずつの身長のデータを表した箱ひげ図である。この箱ひげ図から読み取れることとして正しいものを，次から選ぶと[㋒]である。 (5)

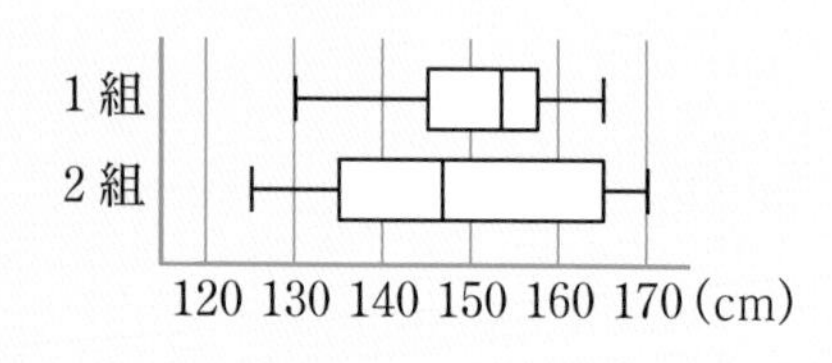

㋐ 1組にも2組にも 130cm ちょうどの生徒がいる。

㋑ 2組では，140cm 未満の生徒は 10 人より少ない。

㋒ 1組では，150cm 以下の生徒は 20 人以下である。

教科書のまとめ ＿＿ に入るものを答えよう！

□あるデータを小さい順に並べたとき，そのデータを4等分したときの3つの区切りの値を小さい方から順に，第1四分位数，第2四分位数，第3四分位数といい，これらをまとめて，四分位数という。

□第3四分位数と第1四分位数の差を，四分位範囲という。

□箱ひげ図のひげの端から端までの長さは範囲，箱の幅は四分位範囲を表している。

□データの分布のようすを比べるとき，範囲はかけ離（はな）れた値の影響（えいきょう）を受けるが，四分位範囲はその影響を受けにくい。

Step 2 予想問題 1節 箱ひげ図／2節 箱ひげ図の利用

1ページ 30分

【箱ひげ図】

よく出る

1 次のデータは，あるクラスの生徒38人について，家における週末の学習時間を調べ，小さい順に並べたものです。次の(1)～(3)に答えなさい。

0	0	0	1	1	1	1	1	2	2	2	2	2	2	3
3	3	3	4	4	5	5	5	6	6	6	6	7	7	7
8	8	8	9	9	10	10	11						

(単位：時間)

□(1) 四分位数(第1四分位数，第2四分位数，第3四分位数)を求めなさい。

第1四分位数(　　　)，第2四分位数(　　　)，第3四分位数(　　　)

□(2) 四分位範囲を求めなさい。

(　　　)

□(3) 箱ひげ図をかきなさい。

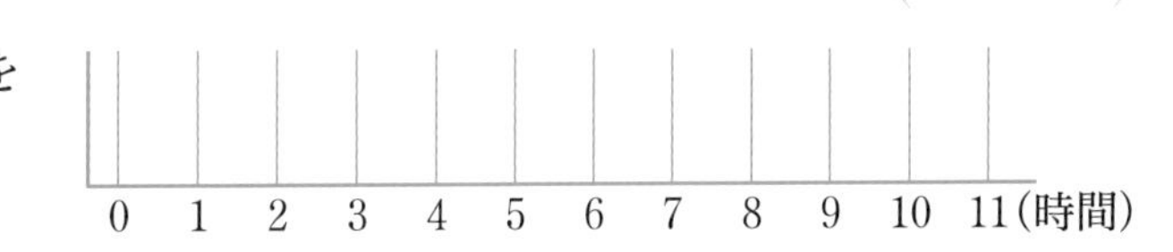

【データの傾向の読み取り方】

点UP

2 右の箱ひげ図は，単語テストの結果を1組，2組，3組のデータをもとに作成したものです。どの組も人数は同じです。次の(1)～(4)に答えなさい。

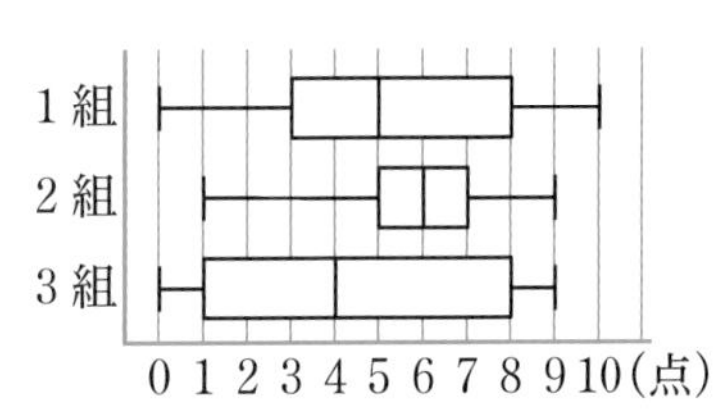

□(1) 3つの組を中央値が大きい順に並べかえなさい。

(　　　)

□(2) 3つの組を範囲の大きい順に並べかえなさい。

(　　　)

□(3) 四分位範囲がいちばん大きいのはどの組ですか。

(　　　)

□(4) この箱ひげ図から読み取れることとして正しいものを，次から選びなさい。

㋐ 5点未満の生徒の数がいちばん多いのは，2組である。

㋑ 3組の半分以上の生徒は，4点以上である。

(　　　)

ヒント

1

(2)第3四分位数と第1四分位数の差を求めます。

(3)四分位数，最小値，最大値をもとにしてかきます。

2

(2)最大値と最小値の差を求めて比べます。

(3)第3四分位数と第1四分位数の差を求めて比べます。

(4)四分位数に着目しましょう。

Step 3 予想テスト

6章 データの比較と箱ひげ図

30分　　/100点　目標 80点

1 次のデータは，あるクラスの生徒 40 人について，1 か月の読書時間を調べたものです。次の(1)～(4)に答えなさい。知 考

60 点((1)～(3)各 10 点，(4)20 点)

9	8	14	30	4	4	5	8	4	9
3	0	0	2	11	6	12	4	1	14
8	0	4	8	1	8	7	8	10	6
18	5	3	16	2	24	5	15	2	18

(単位：時間)

□(1) 中央値を求めなさい。

□(2) 第 1 四分位数，第 3 四分位数を求めなさい。

□(3) 四分位範囲を求めなさい。

□(4) 箱ひげ図を解答欄にかきなさい。

 成績評価の観点 知…数量や図形などについての知識・技能 考…数学的な思考・判断・表現

❷ ある中学校で，2年の男子生徒をA，B，Cの3つの班に分け，50 m 走の測定をしました。次の箱ひげ図はそのデータをもとに作成したもので，どの班も人数は同じです。次の(1)～(4)に答えなさい。考

40点(各10点)

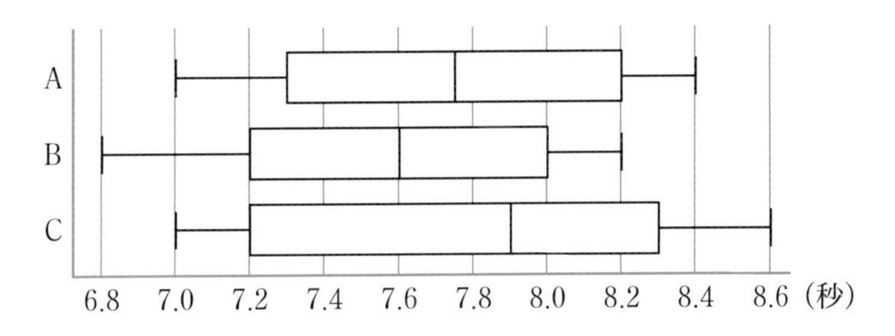

□(1) 中央値がいちばん小さいのはどの班ですか。

□(2) 3つの班を四分位範囲が大きい順に並べかえなさい。

□(3) 範囲がいちばん大きいのはどの班ですか。

□(4) この箱ひげ図から読み取れることとして正しいものを，次から選びなさい。

㋐ 7.8秒未満の生徒の数がいちばん多いのは，Cである。

㋑ Bの半分以上の生徒は，7.6秒以上である。

㋒ 7.6秒未満の生徒の数は，AもCも同じである。

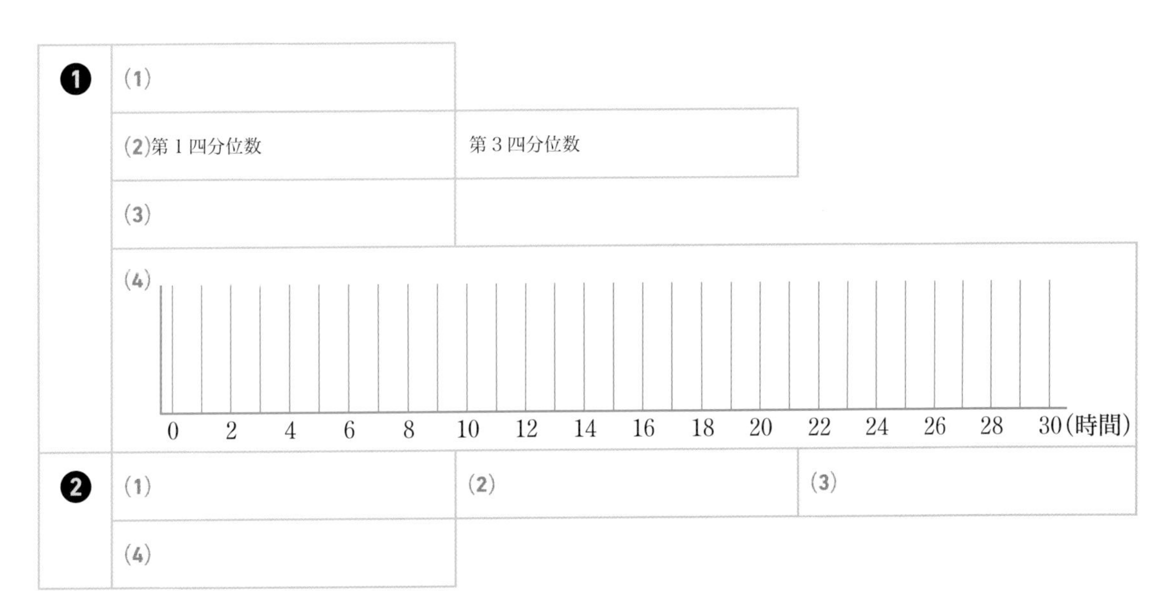
❶
(1)
(2)第1四分位数
第3四分位数
(3)
(4)

❷
(1)
(2)
(3)
(4)

❶ ／60点 ❷ ／40点

[解答▶p.26]

Step 1 基本チェック 1節 確率／2節 確率の利用

15分

教科書のたしかめ ［ ］に入るものを答えよう！

1節 確率

▶ 教 p.184-192 Step 2 ❶-❹

解答欄

□(1) 右の表で，さいころを投げて1の目が出た相対度数を小数第3位まで求め，表を完成させなさい。

投げた回数	800	1200	1600	2000
1の目が出た回数	126	201	268	335
1の目が出た相対度数	0.158	0.168	［0.168］	［0.168］

(1) ／

□(2) 相対度数は［0.168］に近づくと考えられるので，1の目が出る確率は［0.168］と考えられる。

(2)

□(3) 正しくつくられたさいころを投げるとき，起こり得る場合は全部で［6］通り。5以上の目が出る場合は［2］通りだから，

(5以上の目が出る確率) $=\frac{2}{6}=$［$\frac{1}{3}$］

また，奇数(きすう)の目が出る確率は［$\frac{1}{2}$］

(3) ／

□(4) いくつかの玉が入っている袋の中から玉を1個取り出すとき，それが赤玉である確率が$\frac{3}{10}$であるとする。

取り出した玉が赤玉でない確率は［$\frac{7}{10}$］である。

(4)

□(5) 1枚の10円硬貨(こうか)を2回投げるとする。表，裏が出ることを，それぞれ㋔，㋒と表して，右のような［樹形］図をかくと，2回とも表が出る確率は［$\frac{1}{4}$］である。

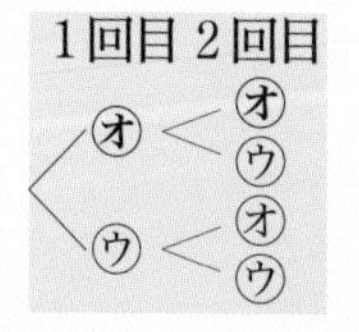

(5)

2節 確率の利用

▶ 教 p.193-195

教科書のまとめ ＿＿に入るものを答えよう！

□あることがらの起こりやすさの程度を表す数を，そのことがらの起こる 確率 という。

□正しくできているさいころでは，1から6までのどの目が出ることも同じ程度に期待できる。このようなとき，さいころの1から6までのどの目が出ることも， 同様に確からしい という。

□起こり得る場合が全部でn通りあって，そのどれが起こることも同様に確からしいとする。そのうち，ことがらAの起こる場合がa通りあるとき，Aの起こる確率pは， $p=\frac{a}{n}$ となる。

□ことがらAの起こる確率がpであるとき，Aの起こらない確率は， $1-p$ である。

Step 2 予想問題 1節 確率／2節 確率の利用

1ページ 30分

【確率の求め方①】

よく出る

❶ 当たりくじを引く確率が $\frac{1}{5}$ であるくじを1本引くとき，はずれくじを引く確率を求めなさい。

（　　　　）

【確率の求め方②】

❷ 1から10までの整数を1つずつ書いた10枚のカードがあります。この中から1枚のカードを取り出すとき，次の確率を求めなさい。

□(1) カードの数が奇数である確率

（　　　　）

□(2) カードの数が3の倍数である確率

（　　　　）

□(3) カードの数が素数である確率

（　　　　）

【いろいろな確率①】

❸ 1枚の硬貨を3回投げて，表，裏の出方を調べます。次の(1)〜(3)に答えなさい。

□(1) 表，裏の出方を表す右の樹形図を完成させなさい。ただし，表は○，裏は×で表すものとする。

□(2) 3回とも裏が出る確率を求めなさい。

（　　　　）

□(3) 表が2回出る確率を求めなさい。

（　　　　）

【いろいろな確率②】

❹ 大小2つのさいころを同時に投げるとき，次の確率を求めなさい。

□(1) 出る目の和が5になる確率

（　　　　）

□(2) 出る目の和が3以下になる確率

（　　　　）

□(3) 出る目の和が4の倍数になる確率

（　　　　）

ヒント

❶ 「はずれる＝当たらない」と考えます。

❷ 1〜10の整数を書き出し，各問いに当てはまる数をチェックします。

❸ (1)樹形図をかけば確認できますが，全体では，8通りの場合があります。

テスト得ダネ
場合の数を求めるときは，数え間違えないよう，かならず樹形図や表をつくって，順序よくていねいに数えましょう。樹形図をかく問題はよく出題されます。

❹ 2つのさいころの目の出方は，全部で36通りあります。表をかいて確認しましょう。
(3)目の和が4，8，12になるときです。

7章

[解答▶p.27]

Step 3 予想テスト 7章 確率

20分　／50点　目標 40点

❶ 3枚の硬貨を同時に投げるとき，次の確率を求めなさい。考　8点(各4点)

□(1) 3枚とも表が出る確率　□(2) 1枚は表で2枚は裏が出る確率

❷ 4つの数字1，2，3，4を1つずつ書いたカード4枚を裏返しにしてよくきり，1枚ずつ取り出します。1枚目を十の位の数，2枚目を一の位の数にして2けたの整数をつくるとき，次の確率を求めなさい。考　12点(各4点)

□(1) 偶数である確率　□(2) 3の倍数である確率

□(3) 十の位の数が，一の位の数より2大きくなる確率

❸ 6本のうち2本の当たりくじが入っているくじがあります。A，Bの2人がこの順に1本ずつくじを引くとき，次の(1)～(3)に答えなさい。考　15点(各5点)

□(1) くじの引き方は全部で何通りありますか。

□(2) 2人ともはずれる確率を求めなさい。

□(3) 少なくともどちらかが当たる確率を求めなさい。

点UP **❹** 袋の中に，同じ大きさの赤玉3個，白玉2個が入っています。袋の中から玉を取り出すとき，次の(1)～(3)に答えなさい。考　15点(各5点)

□(1) 2個同時に取り出すとき，両方とも赤玉である確率

□(2) 2個同時に取り出すとき，赤玉1個と白玉1個である確率

□(3) 取り出した玉は袋にもどさないものとして，1個ずつ2回続けて取り出すとき，赤玉，白玉の順になる確率

❶	(1)	(2)	
❷	(1)	(2)	(3)
❸	(1)	(2)	(3)
❹	(1)	(2)	(3)

[解答▶p.28]

テスト前 ☑ やることチェック表

① まずはテストの目標をたてよう。頑張ったら達成できそうなちょっと上のレベルを目指そう。
② 次にやることを書こう（「ズバリ英語〇ページ，数学〇ページ」など）。
③ やり終えたら▢に✔を入れよう。
最初に完ぺきな計画をたてる必要はなく，まずは数日分の計画をつくって，
その後追加・修正していっても良いね。

目標

	日付	やること 1	やること 2
2週間前	/	▢	▢
	/	▢	▢
	/	▢	▢
	/	▢	▢
	/	▢	▢
	/	▢	▢
	/	▢	▢
1週間前	/	▢	▢
	/	▢	▢
	/	▢	▢
	/	▢	▢
	/	▢	▢
	/	▢	▢
	/	▢	▢
テスト期間	/	▢	▢
	/	▢	▢
	/	▢	▢
	/	▢	▢
	/	▢	▢

キリトリ線

QRコードのページに登録すると，「ぴたリンク」からも表をダウンロードできるよ

テスト前 ☑ やることチェック表

① まずはテストの目標をたてよう。頑張ったら達成できそうなちょっと上のレベルを目指そう。
② 次にやることを書こう（「ズバリ英語〇ページ，数学〇ページ」など）。
③ やり終えたら□に✔を入れよう。
最初に完ぺきな計画をたてる必要はなく，まずは数日分の計画をつくって，
その後追加・修正していっても良いね。

目標

	日付	やること 1	やること 2
2週間前	／	□	□
	／	□	□
	／	□	□
	／	□	□
	／	□	□
	／	□	□
	／	□	□
1週間前	／	□	□
	／	□	□
	／	□	□
	／	□	□
	／	□	□
	／	□	□
	／	□	□
テスト期間	／	□	□
	／	□	□
	／	□	□
	／	□	□
	／	□	□

QRコードのページに登録すると，「ぴたリンク」からも表をダウンロードできるよ

大日本図書版 数学2年 | 定期テスト ズバリよくでる | 解答集

1章 式と計算

1節 式と計算

p.3-5 **Step 2**

❶ (1) 多項式　(2) 単項式

解き方 数や文字をかけ合わせた形の式を単項式，単項式の和の形で表された式を多項式といいます。

(1) 項が $2x$ と $-3y$ の 2 つなので，多項式です。

(2) 項が $6p^2q^3$ の 1 つだけなので，単項式です。

❷ (1) 1 次式　(2) 2 次式

(3) 3 次式　(4) 2 次式

解き方 多項式では，各項の次数のうちでもっとも大きいものを，その多項式の次数といいます。

(2) $2y^2=2\times y\times y$ ➡ 2 次式，$3x$ ➡ 1 次式，

多項式 $3x+2y^2-4$ は 2 次式。

❸ (1) $5xy-3$　(2) $4ab$

(3) a^2　(4) $3x-9y$

(5) x^2-5x+2　(6) $a-\frac{1}{6}b$

解き方 式の項の中で，文字の部分が同じ項は，分配法則 $ac+bc=(a+b)c$ を使ってまとめます。

(1) $xy-3+4xy=(1+4)xy-3$

$=5xy-3$

(2) $-2ab+6ab=(-2+6)ab$

$=4ab$

(3) $-2a^2+3a^2=(-2+3)a^2$

$=a^2$

(4) $2x-5y+x-4y=(2+1)x+(-5-4)y$

$=3x-9y$

(5) $2x^2-5x-x^2+2=(2-1)x^2-5x+2$

$=x^2-5x+2$

(6) $-a+\frac{1}{6}b+2a-\frac{1}{3}b=(-1+2)a+\left(\frac{1}{6}-\frac{1}{3}\right)b$

$=a-\frac{1}{6}b$

❹ (1) $-a-3b$　(2) $-7x+5y$

(3) $4a-10b$　(4) $3y-1$

解き方 同類項どうしをたします。

(1) $3a+(-4a)=-a$，$-5b+(+2b)=-3b$

(2) $-4x+(-3x)=-7x$，$6y+(-y)=5y$

(3) $(9a-8b)+(-5a-2b)=9a-8b-5a-2b$

$=(9-5)a+(-8-2)b$

$=4a-10b$

(4) $(3x-2y+1)+(-3x+5y-2)$

$=3x-2y+1-3x+5y-2$

$=(3-3)x+(-2+5)y+1-2$

$=3y-1$

❺ (1) $6a+9b$　(2) $-2x+6y$

(3) $2x-6y$　(4) $3x^2-5x+7$

解き方 ひく式の各項の符号を変えて加えます。

(1)
$$\begin{array}{rr} & 4a+6b \\ -) & -2a-3b \\ \hline \end{array} \Rightarrow \begin{array}{rr} & 4a+6b \\ +) & 2a+3b \\ \hline & 6a+9b \end{array}$$

(2)
$$\begin{array}{rr} & 7x-2y \\ -) & 9x-8y \\ \hline \end{array} \Rightarrow \begin{array}{rr} & 7x-2y \\ +) & -9x+8y \\ \hline & -2x+6y \end{array}$$

(3) $(3x-2y)-(x+4y)=3x-2y-x-4y$

$=(3-1)x+(-2-4)y$

$=2x-6y$

(4) $(2x^2-x+5)-(-x^2+4x-2)$

$=2x^2-x+5+x^2-4x+2$

$=(2+1)x^2+(-1-4)x+5+2$

$=3x^2-5x+7$

❻ (1) $-6xy$　(2) $-12x^3$　(3) $25a^2$

(4) $8x^3$

解き方 単項式と単項式との乗法は，係数の積と文字の積をそれぞれ求めて，それらをかけます。

(1) $-2y\times 3x=-2\times y\times 3\times x$

$=-2\times 3\times x\times y$

$=-6xy$

(2) $-3x\times4x^2=-3\times x\times4\times x\times x$
$=-3\times4\times x\times x\times x$
$=-12x^3$

(3) $(-5a)^2=(-5a)\times(-5a)=(-5)\times a\times(-5)\times a$
$=(-5)\times(-5)\times a\times a$
$=25a^2$

(4) $(-4x^2)\times(-2x)=(-4)\times x\times x\times(-2)\times x$
$=(-4)\times(-2)\times x\times x\times x$
$=8x^3$

7 (1) $3y$　(2) $-6ab$　(3) $-3x$
(4) $\dfrac{9}{2}xy$

解き方 除法は，分数の形にして，約分します。

(1) $6xy\div2x=6xy\times\dfrac{1}{2x}$
$=\dfrac{6xy}{2x}$
$=3y$

(2) $18ab^2\div(-3b)=18ab^2\times\left(-\dfrac{1}{3b}\right)$
$=-\dfrac{18ab^2}{3b}$
$=-6ab$

(3) $12x^3\div(-4x^2)=12x^3\times\left(-\dfrac{1}{4x^2}\right)$
$=-\dfrac{12x^3}{4x^2}$
$=-3x$

(4) $-7xy^3\div\left(-\dfrac{14}{9}y^2\right)=-7xy^3\times\left(-\dfrac{9}{14y^2}\right)$
$=\dfrac{-7xy^3\times(-9)}{14y^2}$
$=\dfrac{9}{2}xy$

8 (1) $-2y$　(2) $-\dfrac{9}{2}y^2$　(3) $28b^2$
(4) 9

解き方 乗除の混じった計算は，まず，全体が ＋ か － かを考え，残りを分数の形にして計算します。係数が整数の場合，× の後ろの項は分子に，÷ の後ろの項は分母にかけることになります。

(1) $10x^2\times y\div(-5x^2)=10x^2\times y\times\left(-\dfrac{1}{5x^2}\right)$
$=-\dfrac{10x^2\times y}{5x^2}$
$=-2y$

(2) $3x^2y\div2x^2\times(-3y)=3x^2y\times\dfrac{1}{2x^2}\times(-3y)$
$=-\dfrac{3x^2y\times3y}{2x^2}$
$=-\dfrac{9}{2}y^2$

(3) $14ab\div\left(-\dfrac{2}{7}a\right)\times\left(-\dfrac{4}{7}b\right)$
$=14ab\times\left(-\dfrac{7}{2a}\right)\times\left(-\dfrac{4b}{7}\right)$
$=\dfrac{14ab\times7\times4b}{2a\times7}$
$=28b^2$

(4) $-\dfrac{3}{2}x^3\div\left(-\dfrac{1}{2}x^2\right)\div\dfrac{1}{3}x=-\dfrac{3}{2}x^3\times\left(-\dfrac{2}{x^2}\right)\times\dfrac{3}{x}$
$=\dfrac{3x^3\times2\times3}{2\times x^2\times x}$
$=9$

9 (1) $8x+16y$　(2) $-6a+8b^2+1$
(3) $-3ab+2c^2$　(4) $15x^2-10y$
(5) $5a-13b$　(6) $18x-34y$
(7) $\dfrac{4x+y}{6}$　(8) $-\dfrac{1}{12}a$

解き方 多項式と数の乗法は，分配法則を使います。多項式と数の除法は，乗法の形に直します。

(1) $8(x+2y)=8\times x+8\times2y$
$=8x+16y$

(3) $(27ab-18c^2)\div(-9)=(27ab-18c^2)\times\left(-\dfrac{1}{9}\right)$
$=-\dfrac{27ab}{9}+\dfrac{18c^2}{9}$
$=-3ab+2c^2$

(4) $(12x^2-8y)\div\dfrac{4}{5}=(12x^2-8y)\times\dfrac{5}{4}$
$=\dfrac{12x^2\times5}{4}-\dfrac{8y\times5}{4}$
$=15x^2-10y$

(5) $2(a-5b)+3(a-b)=2a-10b+3a-3b$
$=5a-13b$

(6) $6(x-3y)-4(-3x+4y)=6x-18y+12x-16y$
$=18x-34y$

(7)(8) 通分してから計算します。

(7) $\dfrac{2x-y}{2}+\dfrac{-x+2y}{3}=\dfrac{3(2x-y)+2(-x+2y)}{6}$
$=\dfrac{6x-3y-2x+4y}{6}$
$=\dfrac{4x+y}{6}$

参考 $\frac{2}{3}x+\frac{1}{6}y$ と答えてもよいです。

(8) $\frac{3a-2b}{4}-\frac{5a-3b}{6}=\frac{3(3a-2b)-2(5a-3b)}{12}$

$=\frac{9a-6b-10a+6b}{12}$

$=-\frac{1}{12}a$

❿ (1) 14　(2) −11

(3) 40　(4) −8

解き方　× の記号を使って式を表します。

(1) $3a+4b=3\times4+4\times\frac{1}{2}$

$=12+2$

$=14$

(2) $-2a-6b=-2\times4-6\times\frac{1}{2}$

$=-8-3$

$=-11$

(3) $5a^2b=5\times4^2\times\frac{1}{2}$

$=5\times16\times\frac{1}{2}$

$=40$

(4) $-8ab^2=-8\times4\times\left(\frac{1}{2}\right)^2$

$=-8$

⓫ (1) −34　(2) $-\frac{6}{7}$

解き方　はじめに式を簡単にしてから，x，y の値を代入します。負の数は，かっこをつけて代入します。

(1) $5(2x+3y)-(-5x+7y)=10x+15y+5x-7y$

$=15x+8y$ ← 式を簡単にしておく。

この式に，$x=-6$，$y=7$ を代入して，

$15x+8y=15\times(-6)+8\times7$

$=-90+56$

$=-34$

(2) $-x^3\div(\quad x^2y)--x^3\times\left(-\frac{1}{x^2y}\right)$

$=\frac{x}{y}$ ← 式を簡単にしておく。

この式に，$x=-6$，$y=7$ を代入して，

$\frac{x}{y}=\frac{-6}{7}=-\frac{6}{7}$

2節 式の利用　3節 関係を表す式

p.7 Step 2

❶ (1) 立体㋐ $4\pi a^3\,\text{cm}^3$，立体㋑ $6\pi a^3\,\text{cm}^3$

(2) 立体㋑のほうが $2\pi a^3\,\text{cm}^3$ 大きい。

解き方　立体㋐，㋑は，円錐になります。

円錐の体積は，$\frac{1}{3}\times\pi\times$(底面の半径)$^2\times$(高さ)で求められます。

(1) 立体㋐の底面の半径は $2a$ cm，高さは $3a$ cm なので，

(立体㋐の体積) $=\frac{1}{3}\times\pi\times(2a)^2\times3a$

$=4\pi a^3(\text{cm}^3)$

立体㋑の底面の半径は $3a$ cm，高さは $2a$ cm なので，

(立体㋑の体積) $=\frac{1}{3}\times\pi\times(3a)^2\times2a$

$=6\pi a^3(\text{cm}^3)$

(2) 立体㋑の体積から立体㋐の体積をひくと，

$6\pi a^3-4\pi a^3=2\pi a^3(\text{cm}^3)$

❷ (例) 2 つの奇数を，それぞれ $2m+1$，$2n+1$ と表す。ただし，m，n は整数とする。

$(2m+1)-(2n+1)=2m+1-2n-1$

$=2m-2n$

$=2(m-n)$

ここで，$m-n$ は整数だから，$2(m-n)$ は偶数である。

したがって，奇数から奇数をひいた差は偶数である。

解き方　2 つの奇数を，異なる文字 m と n を使って表します。2 つの奇数を $2m-1$，$2m+1$ とすると，連続する 2 つの奇数を表すことに注意しましょう。奇数と奇数の差が，2×(整数)の形になっていれば偶数(2 の倍数)といえます。

❸ (例)A の百の位の数を x，十の位の数を y，一の位の数を z とすると，
$A=100x+10y+z$，$B=100y+10x+z$
と表せる。ただし，x，y は 1 から 9 までの整数である。
$A-B=(100x+10y+z)-(100y+10x+z)$
$=100x+10y+z-100y-10x-z$
$=90x-90y$
$=90(x-y)$
ここで，$x-y$ は整数だから，$90(x-y)$ は 90 の倍数である。
したがって，$A-B$ は 90 の倍数である。

解き方 90×(整数)の形になっていれば 90 の倍数といえます。

❹ (1) $y=\dfrac{x-1}{2}$ (2) $a=\dfrac{\ell}{2}-b$

解き方 等式の性質を使って，〔 〕内に指定された文字の項だけが左辺に残るように変形していきます。

(1) $x-2y=1$
$-2y=-x+1$
$2y=x-1$
$y=\dfrac{x-1}{2}$

(2) 両辺を入れかえ，方程式を解くように，式を変形します。
$2(a+b)=\ell$
$a+b=\dfrac{\ell}{2}$
$a=\dfrac{\ell}{2}-b$

別解 $2(a+b)=\ell$
$2a+2b=\ell$
$2a=\ell-2b$
$a=\dfrac{\ell}{2}-b$

p.8-9 Step ❸

❶ (1) 3 次式 (2) 5 次式

❷ (1) $3x+y$ (2) $-3b^2+2b$ (3) $-x^2-3x$
(4) $4a+3b$ (5) $-3x$ (6) $-5a-\dfrac{1}{2}b$

❸ (1) $6ab$ (2) $-6y$ (3) $-3x^2$ (4) $-2xy^2$

❹ (1) $6x-3y$ (2) $5x^2-3x+4$ (3) $a+b$
(4) $\dfrac{13a+b}{6}$

❺ (1) $-\dfrac{9}{2}$ (2) $\dfrac{43}{2}$

❻ (例)連続する 2 つの奇数を，それぞれ $2m-1$，$2m+1$ と表す。ただし，m は整数とする。
$(2m-1)+(2m+1)=2m-1+2m+1$
$=4m$
m は整数だから，$4m$ は 4 の倍数である。
したがって，連続する 2 つの奇数の和は 4 の倍数である。

❼ $\dfrac{3}{2}$ 倍

❽ (1) $S=\dfrac{1}{2}ah$ (2) $h=\dfrac{2S}{a}$ (3) 9 cm

解き方

❶ (1) 多項式では，各項の次数のうちでもっとも大きいものを，その多項式の次数といいます。
a^2 の次数は 2，abc の次数は 3 なので，3 次式です。
(2) $-xy^4=-1\times x\times y\times y\times y\times y$ ➡ 5 次式

❷ (1) $5x-3y-2x+4y=(5-2)x+(-3+4)y$
$=3x+y$
(2) $b^2-3b+5b-4b^2=(1-4)b^2+(-3+5)b$
$=-3b^2+2b$
(3) $(4x^2+3x)+(-5x^2-6x)=(4-5)x^2+(3-6)x$
$=-x^2-3x$
(4) $(2.8a-b)+(1.2a+4b)$
$=(2.8+1.2)a+(-1+4)b$
$=4a+3b$
(5) $(2x-3y)-(-3y+5x)$
$=(2-5)x+(-3+3)y$
$=-3x$

(6) $\left(2a-\frac{1}{3}b\right)-\left(7a+\frac{1}{6}b\right)$

$=(2-7)a+\left(-\frac{1}{3}-\frac{1}{6}\right)b$

$=-5a+\left(-\frac{2}{6}-\frac{1}{6}\right)b$

$=-5a-\frac{1}{2}b$

❸ 単項式と単項式との乗法は，係数の積と文字の積をそれぞれ求めて，それらをかけます。

除法は，分数の形にしたり，わる式の逆数をかける形にしたりして計算します。

(1) $2a\times 3b=(2\times a)\times(3\times b)$

$=2\times 3\times a\times b$

$=6ab$

(2) $24xy\div(-4x)=24xy\times\left(-\frac{1}{4x}\right)$

$=-\frac{24xy}{4x}$

$=-6y$

(3) $-5x^3\div\frac{5}{3}x=-5x^3\times\frac{3}{5x}$

$=-\frac{5x^3\times 3}{5x}$

$=-3x^2$

(4) $\frac{1}{3}x^2y\div(-2x)\times 12y$

$=\frac{1}{3}x^2y\times\left(-\frac{1}{2x}\right)\times 12y$

$=-\frac{x^2y\times 12y}{3\times 2x}$

$=-2xy^2$

❹ (1) $3(2x-y)=3\times 2x+3\times(-y)$

$=6x-3y$

(2) $(15x^2-9x+12)\div 3$

$=(15x^2-9x+12)\times\frac{1}{3}$

$=15x^2\times\frac{1}{3}-9x\times\frac{1}{3}+12\times\frac{1}{3}$

$=5x^2-3x+4$

(3) $4(a-2b)-3(a-3b)=4a-8b-3a+9b$

$=a+b$

(4) 通分してから計算します。

$\frac{5a-b}{3}+\frac{a+b}{2}=\frac{2(5a-b)+3(a+b)}{6}$

$=\frac{10a-2b+3a+3b}{6}$

$=\frac{13a+b}{6}$

参考 $\frac{13}{6}a+\frac{1}{6}b$ と答えてもよいです。

❺ (1) × の記号を使って式を表します。負の数は(　)をつけて代入します。

$6x^2y=6\times\left(\frac{1}{2}\right)^2\times(-3)$

$=-6\times\frac{1}{4}\times 3$

$=-\frac{9}{2}$

(2) はじめに式を簡単にしてから，x，y の値を代入します。負の数は(　)をつけて代入します。

$4(2x-y)-(x+2y)=8x-4y-x-2y$

$=7x-6y$ ← 式を簡単にしておく。

この式に，$x=\frac{1}{2}$，$y=-3$ を代入して，

$7x-6y=7\times\frac{1}{2}-6\times(-3)$

$=\frac{7}{2}+18$

$=\frac{43}{2}$

❻ 連続する 2 つの奇数の場合は，同じ文字を使って，$2m-1$，$2m+1$ と表します。4×(整数)の形が導ければ，4 の倍数であるといえます。

参考 連続する 2 つの奇数を $2m+1$ と $2m+3$ としても説明できます。

❼ もとの三角形の面積は $\frac{1}{2}\times 6x\times 4y=12xy\,(\text{cm}^2)$

底辺を $\frac{1}{2}$ にすると，底辺は $6x\times\frac{1}{2}=3x\,(\text{cm})$

高さを 3 倍にすると，高さは $4y\times 3=12y\,(\text{cm})$

このとき，面積は，$\frac{1}{2}\times 3x\times 12y=18xy\,(\text{cm}^2)$

よって，$18xy\div 12xy=\frac{18xy}{12xy}=\frac{3}{2}$ (倍)

❽ (1) 底辺が a cm，高さが h cm なので，

$S=\frac{1}{2}\times a\times h=\frac{1}{2}ah$

(2) $\frac{1}{2}ah=S$

$ah=2S$

$h=\frac{2S}{a}$

(3) $h=\frac{2S}{a}$ に，$S=18$，$a=4$ を代入して，

$h=\frac{2\times 18}{4}=9\,(\text{cm})$

▶ 本文 p.11-12

2章 連立方程式

1節 連立方程式　2節 連立方程式の解き方

p.11-13　Step 2

❶ (1) $4x+3y=28$　(2) 2個

解き方 (1) 4本組 x 個で $4x$ 本，3本組 y 個で $3y$ 本なので，合わせて $4x+3y$(本)。これが28本なので，
$4x+3y=28$
(2) $4x+3y=28$ に $x=1$，2，…と，順に代入して自然数となる y の値を調べます。x も y も自然数になれば，この方程式の解です。
$x=1$ のとき，
$4+3y=28$ より，$y=8$ ➡ y は自然数。
$x=2$ のとき，
$8+3y=28$ より，$y=\frac{20}{3}$ ➡ y は自然数ではない。
$x=3$ のとき，
$12+3y=28$ より，$y=\frac{16}{3}$ ➡ y は自然数ではない。
$x=4$ のとき，
$16+3y=28$ より，$y=4$ ➡ y は自然数。
$x=5$ のとき，
$20+3y=28$ より，$y=\frac{8}{3}$ ➡ y は自然数ではない。
$x=6$ のとき，
$24+3y=28$ より，$y=\frac{4}{3}$ ➡ y は自然数ではない。
$x=7$ のとき，
$28+3y=28$ より，$y=0$ ➡ y は自然数ではない。
x が8以上のとき，$4x$ は28より大きくなるので，y は負の数になり，適しません。
以上より，x，y が両方とも自然数になる組は，
(1，8)，(4，4)の2個。

❷ ㊁

解き方 x，y の値を2つの式に代入して，2つの式を同時に成り立たせるかどうかを調べます。
㋐ $x=12$，$y=8$ を代入すると，
(上の式)$=12+8=20$，(下の式)$=12-8=4$ $(\neq 8)$
㋑ $x=15$，$y=5$ を代入すると，
(上の式)$=15+5=20$，(下の式)$=15-5=10$ $(\neq 8)$
㋒ $x=16$，$y=4$ を代入すると，
(上の式)$=16+4=20$，(下の式)$=16-4=12$ $(\neq 8)$
㋓ $x=14$，$y=6$ を代入すると，
(上の式)$=14+6=20$，(下の式)$=14-6=8$

❸ (1) $\begin{cases} x=4 \\ y=5 \end{cases}$　(2) $\begin{cases} x=2 \\ y=-1 \end{cases}$

(3) $\begin{cases} x=3 \\ y=1 \end{cases}$　(4) $\begin{cases} x=2 \\ y=-3 \end{cases}$

解き方 どちらかの文字の係数の絶対値をそろえ，左辺どうし，右辺どうしを加えたりひいたりして，その文字を消去して解きます。
(1) 2つの式をひいて，y の項を消します。

$\begin{cases} x+y=9 & \cdots\cdots① \\ -x+y=1 & \cdots\cdots② \end{cases}$

①−② より，

$$\begin{array}{rrcl} & x+y & = & 9 \\ -) & -x+y & = & 1 \\ \hline & 2x & = & 8 \\ & x & = & 4 \end{array}$$

$x=4$ を ① に代入すると，$4+y=9$ より，$y=5$
(3) 2つの式をそれぞれ整数倍して，x または y の係数の絶対値が等しくなるようにします。

$\begin{cases} 4x-3y=9 & \cdots\cdots① \\ 3x-5y=4 & \cdots\cdots② \end{cases}$

$$\begin{array}{lrcl} ①\times 3 & 12x-9y & = & 27 \\ ②\times 4 & -)\ 12x-20y & = & 16 \\ \hline & 11y & = & 11 \\ & y & = & 1 \end{array}$$

$y=1$ を ① に代入すると，$4x-3=9$ より，$x=3$

❹ (1) $\begin{cases} x=2 \\ y=4 \end{cases}$　(2) $\begin{cases} x=6 \\ y=-2 \end{cases}$

(3) $\begin{cases} x=2 \\ y=-3 \end{cases}$　(4) $\begin{cases} x=5 \\ y=-3 \end{cases}$

解き方 一方の式を他方の式に代入することによって，1つの文字を消去して解きます。

(1) $\begin{cases} 2x+y=8 & \cdots\cdots① \\ y=2x & \cdots\cdots② \end{cases}$

②を①に代入すると，
$2x+2x=8$
$4x=8$
$x=2$
$x=2$ を②に代入すると，
$y=4$

(3) $\begin{cases} y=1-2x & \cdots\cdots① \\ 3x-2y=12 & \cdots\cdots② \end{cases}$

①を②に代入すると，
$3x-2(1-2x)=12$
$3x-2+4x=12$
$7x=14$
$x=2$
$x=2$ を①に代入すると，
$y=-3$

❺ (1) $\begin{cases} x=2 \\ y=-3 \end{cases}$　(2) $\begin{cases} x=12 \\ y=3 \end{cases}$

(3) $\begin{cases} x=8 \\ y=17 \end{cases}$　(4) $\begin{cases} x=5 \\ y=1 \end{cases}$

解き方 かっこをはずして，式を整理してから，加減法または代入法で解きます。

(1) $\begin{cases} 3x+2y=0 & \cdots\cdots① \\ 2(x-y)+3y=1 & \cdots\cdots② \end{cases}$

② より，$2x-2y+3y=1$

$y=-2x+1$ ……②′

②′ を ① に代入すると，

$3x+2(-2x+1)=0$

$3x-4x+2=0$

$-x=-2$

$x=2$

$x=2$ を ②′ に代入すると，$y=-3$

(3) $\begin{cases} 3(x-y)+2y=7 & \cdots\cdots① \\ 2x-(5x-2y)=10 & \cdots\cdots② \end{cases}$

① より，$3x-3y+2y=7$

$y=3x-7$ ……①′

② より，$2x-5x+2y=10$

$-3x+2y=10$ ……②′

①′ を ②′ に代入すると，

$-3x+2(3x-7)=10$

$-3x+6x-14=10$

$3x=24$

$x=8$

$x=8$ を ①′ に代入すると，$y=17$

❻ (1) $\begin{cases} x=3 \\ y=2 \end{cases}$　(2) $\begin{cases} x=6 \\ y=12 \end{cases}$

(3) $\begin{cases} x=8 \\ y=6 \end{cases}$　(4) $\begin{cases} x=1 \\ y=-3 \end{cases}$

解き方 係数に分数をふくむ方程式は，係数がすべて整数になるように変形します。

(1) 下の式の両辺に 6 をかけます。

$\begin{cases} x+2y=7 \\ 4x+3y=18 \end{cases}$

(2) 上の式の両辺に 12 をかけます。

$\begin{cases} -4x+3y=12 \\ 5x-3y=-6 \end{cases}$

(3) 上の式の両辺に 3，下の式の両辺に 4 をかけます。

$\begin{cases} 3x-y=18 \\ 3x+8y=72 \end{cases}$

(4) 上の式の両辺に 5 をかけます。下の式の両辺に 12 をかけ，式の整理をします。

$\begin{cases} x-3y=10 \\ 13x+6y=-5 \end{cases}$

❼ (1) $\begin{cases} x=3 \\ y=4 \end{cases}$　(2) $\begin{cases} x=4 \\ y=-1 \end{cases}$

(3) $\begin{cases} x=4 \\ y=3 \end{cases}$　(4) $\begin{cases} x=5 \\ y=6 \end{cases}$

解き方 係数に小数をふくむ方程式は，10，100，… などを両辺にかけて，係数を整数にします。

(1) 上の式の両辺に 10 をかけます。

$\begin{cases} x+3y=15 \\ 3x-5y=-11 \end{cases}$

(2) 下の式の両辺に 10 をかけます。

$\begin{cases} 2x-y=9 \\ 12x+9y=39 \end{cases}$

(3) 下の式の両辺に 100 をかけます。

$\begin{cases} x+y=7 \\ 15x+8y=84 \end{cases}$

(4) 上の式の両辺に 100，下の式の両辺に 15 をかけます。

$\begin{cases} 4x-3y=2 \\ 3x+5y=45 \end{cases}$

❽ (1) $\begin{cases} x=3 \\ y=2 \end{cases}$　(2) $\begin{cases} x=-1 \\ y=2 \end{cases}$

解き方 $A=B=C$ の形の連立方程式は，

$\begin{cases} A=B \\ A=C \end{cases}$　$\begin{cases} A=B \\ B=C \end{cases}$　$\begin{cases} A=C \\ B=C \end{cases}$

の，どの組み合わせをつくって解いてもよいです。

(1) $\begin{cases} 3x-y=7 & \cdots\cdots① \\ -x+5y=7 & \cdots\cdots② \end{cases}$

① より，$y=3x-7$ ……①′

①′ を ② に代入すると，

$-x+5(3x-7)=7$

$-x+15x-35=7$

$14x=42$

$x=3$

$x=3$ を ①′ に代入すると，$y=2$

(2) $\begin{cases} 2x+3y=3x+7 \\ 3x+7=6-y \end{cases}$ の組み合わせをつくります。

3節 連立方程式の利用

p.15-17 Step 2

❶ 鉛筆1本60円，ノート1冊150円

解き方 鉛筆1本をx円，ノート1冊をy円として，連立方程式をつくり，加減法で解きます。

$$\begin{cases} 6x+2y=660 & \cdots\cdots① \\ 4x+3y=690 & \cdots\cdots② \end{cases}$$

$$\begin{array}{lrl} ①\times2 & 12x+4y= & 1320 \\ ②\times3 & -)\ 12x+9y= & 2070 \\ \hline & -5y= & -750 \\ & y= & 150 \end{array}$$

$y=150$ を①に代入すると，

$6x+300=660$ より，$x=60$

❷ 商品A20個，商品B10個

解き方 商品Aをx個，商品Bをy個つめるとして，連立方程式をつくり，加減法で解きます。

$$\begin{cases} x+y=30 & \cdots\cdots① \\ 50x+30y+200=1500 & \cdots\cdots② \end{cases}$$

② を整理すると，$50x+30y=1300$

$5x+3y=130$ ……③

$$\begin{array}{lrl} ①\times3 & 3x+3y= & 90 \\ ③ & -)\ 5x+3y= & 130 \\ \hline & -2x\quad = & -40 \\ & x= & 20 \end{array}$$

$x=20$ を①に代入すると，$20+y=30$ より，$y=10$

❸ 平地2km，下り坂6km

解き方 時間が関係する問題では，単位を分か時間のどちらかに統一することに注意しましょう。

平地を$x$km，下り坂を$y$kmとすると，家から海岸まで8km離れているので，$x+y=8$

$(時間)=\dfrac{(道のり)}{(速さ)}$ より，平地を走った(時速12kmで進んだ)時間は $\dfrac{x}{12}$ 時間，下り坂を走った(時速18kmで進んだ)時間は $\dfrac{y}{18}$ 時間です。

家を出発してから海岸に着くまでにかかった時間は，

$30分=\dfrac{30}{60}$ 時間だから，

$$\frac{x}{12}+\frac{y}{18}=\frac{30}{60}$$

よって，次の連立方程式がつくれます。

$$\begin{cases} x+y=8 & \cdots\cdots① \\ \dfrac{x}{12}+\dfrac{y}{18}=\dfrac{30}{60} & \cdots\cdots② \end{cases}$$

②×36 より，$3x+2y=18$ ……②′

$$\begin{array}{lrl} ②' & 3x+2y= & 18 \\ ①\times2 & -)\ 2x+2y= & 16 \\ \hline & x\quad = & 2 \end{array}$$

$x=2$ を①に代入すると，$2+y=8$ より，$y=6$

❹ 自転車で進んだ道のり5km，
歩いた道のり2km

解き方 道のりと時間の関係で連立方程式をつくります。時間の単位に注意しましょう。下のような線分図をかくと，よりわかりやすくなります。

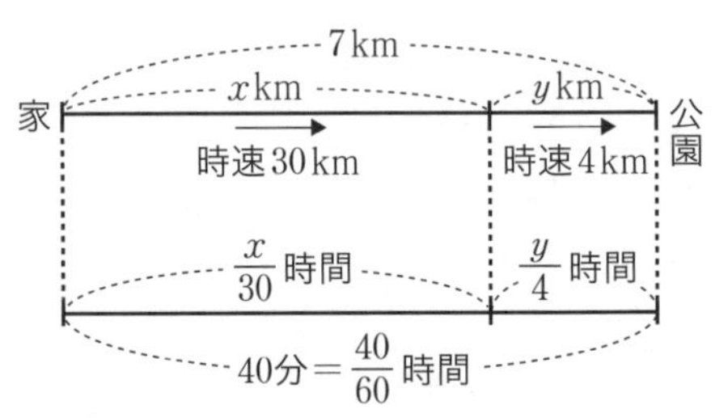

自転車で進んだ道のりを$x$km，歩いた道のりを$y$kmとすると，家から公園まで7km離れているので，

$x+y=7$

$(時間)=\dfrac{(道のり)}{(速さ)}$ だから，自転車で進んだ時間は

$\dfrac{x}{30}$ 時間，歩いた時間は $\dfrac{y}{4}$ 時間です。

家を出発してから公園に着くまでにかかった時間は，

$40分=\dfrac{40}{60}$ 時間だから，

$$\frac{x}{30}+\frac{y}{4}=\frac{40}{60}$$

よって，次の連立方程式がつくれます。

$$\begin{cases} x+y=7 & \cdots\cdots① \\ \dfrac{x}{30}+\dfrac{y}{4}=\dfrac{40}{60} & \cdots\cdots② \end{cases}$$

②×60 より，$2x+15y=40$ ……②′

$$\begin{array}{lrl} ②' & 2x+15y= & 40 \\ ①\times2 & -)\ 2x+\ 2y= & 14 \\ \hline & 13y= & 26 \\ & y= & 2 \end{array}$$

$y=2$ を①に代入すると，$x+2=7$ より，$x=5$

❺ 20%の食塩水 150g，12%の食塩水 250g

解き方 20%の食塩水を xg，12%の食塩水を yg 混ぜたとして連立方程式をつくります。

できた食塩水の重さから，$x+y=400$

20% の食塩水にふくまれる食塩の重さと，12% の食塩水にふくまれる食塩の重さの合計は，15% の食塩水にふくまれる食塩の重さと等しいから，

$\frac{20}{100}x+\frac{12}{100}y=400\times\frac{15}{100}$

よって，次の連立方程式がつくれます。

$$\begin{cases} x+y=400 & \cdots\cdots① \\ \frac{20}{100}x+\frac{12}{100}y=400\times\frac{15}{100} & \cdots\cdots② \end{cases}$$

②×100 より，$20x+12y=6000$

両辺を 4 でわると，$5x+3y=1500$ ……②′

$$\begin{array}{lrl} ①\times5 & 5x+5y &= 2000 \\ ②' & -)\ 5x+3y &= 1500 \\ \hline & 2y &= 500 \\ & y &= 250 \end{array}$$

$y=250$ を①に代入すると，

$x+250=400$ より，$x=150$

❻ 4%の合金 100g，7%の合金 200g

解き方 4%の合金を xg，7%の合金を yg 混ぜたとして連立方程式をつくります。

できた合金の重さから，$x+y=300$

4% の合金にふくまれる金と，7% の合金にふくまれる金の量は，6% の合金にふくまれる金の量と等しいから，

$\frac{4}{100}x+\frac{7}{100}y=300\times\frac{6}{100}$

よって，次の連立方程式がつくれます。

$$\begin{cases} x+y=300 & \cdots\cdots① \\ \frac{4}{100}x+\frac{7}{100}y=300\times\frac{6}{100} & \cdots\cdots② \end{cases}$$

②×100 より，$4x+7y=1800$ ……②′

$$\begin{array}{lrl} ②' & 4x+7y &= 1800 \\ ①\times4 & -)\ 4x+4y &= 1200 \\ \hline & 3y &= 600 \\ & y &= 200 \end{array}$$

$y=200$ を①に代入すると，

$x+200=300$ より，$x=100$

❼ Aの仕入値 5000 円，Bの仕入値 5500 円

解き方 A の仕入値を x 円，B の仕入値を y 円として連立方程式をつくります。

A の仕入値は B の仕入値より 500 円安いので，

$y-x=500$

つまり，

$x=y-500$

A に 4 割の利益を見込んだときの定価は $\left(1+\frac{4}{10}\right)x$ 円，

B に 3 割の利益を見込んだときの定価は $\left(1+\frac{3}{10}\right)y$ 円

です。B の定価は，A の定価より 150 円高いので，

$\left(1+\frac{3}{10}\right)y-\left(1+\frac{4}{10}\right)x=150$

よって，次の連立方程式がつくれます。

$$\begin{cases} x=y-500 & \cdots\cdots① \\ \left(1+\frac{3}{10}\right)y-\left(1+\frac{4}{10}\right)x=150 & \cdots\cdots② \end{cases}$$

②×10 より，$13y-14x=1500$ ……②′

① を ②′ に代入すると，

$13y-14(y-500)=1500$

$13y-14y+7000=1500$

$-y=-5500$

$y=5500$

$y=5500$ を ① に代入すると，$x=5000$

❽ 3 人乗り 8 艇，2 人乗り 7 艇

解き方 ボートの艇数とクラスの人数で連立方程式をつくります。

3 人乗りのボートを x 艇，2 人乗りのボートを y 艇とすると，ボートの合計が 15 艇だから，

$x+y=15$

クラスの人数が 38 人だから，

$3x+2y=38$

よって，次の連立方程式がつくれます。

$$\begin{cases} x+y=15 & \cdots\cdots① \\ 3x+2y=38 & \cdots\cdots② \end{cases}$$

$$\begin{array}{lrl} ② & 3x+2y &= 38 \\ ①\times2 & -)\ 2x+2y &= 30 \\ \hline & x &= 8 \end{array}$$

$x=8$ を①に代入すると，

$8+y=15$ より，$y=7$

❾ 大きい数 7，小さい数 5

解き方 大きい数を x，小さい数を y として連立方程式をつくり，代入法で解きます。

$\begin{cases} x=2y-3 & \cdots\cdots① \\ 2x+3y=29 & \cdots\cdots② \end{cases}$

①を②に代入すると，

$2(2y-3)+3y=29$

$4y-6+3y=29$

$y=5$

$y=5$ を①に代入すると，$x=7$

❿ 27

解き方 もとの整数の十の位の数を x，一の位の数を y とすると，もとの整数は $10x+y$，十の位の数と一の位の数を入れかえてできる 2 けたの整数は $10y+x$ と表せます。

もとの 2 けたの整数は，各位の数の和の 3 倍と等しいので，$10x+y=3(x+y)$

また，十の位の数と一の位の数を入れかえてできる 2 けたの整数は，もとの整数の 3 倍よりも 9 小さいので，$10y+x=3(10x+y)-9$

よって，次の連立方程式がつくれます。

$\begin{cases} 10x+y=3(x+y) & \cdots\cdots① \\ 10y+x=3(10x+y)-9 & \cdots\cdots② \end{cases}$

①より，$7x-2y=0$ ……①′

②より，$-29x+7y=-9$ ……②′

$$\begin{array}{lrcr} ①'\times 7 & 49x-14y & = & 0 \\ ②'\times 2 & +)\ -58x+14y & = & -18 \\ \hline & -9x & = & -18 \\ & x & = & 2 \end{array}$$

$x=2$ を①′に代入すると，$14-2y=0$ より，$y=7$

もとの整数は $10x+y$ だから，27

p.18-19 Step 3

❶ (1) $\begin{cases} x=1 \\ y=3 \end{cases}$, $\begin{cases} x=3 \\ y=2 \end{cases}$, $\begin{cases} x=5 \\ y=1 \end{cases}$

(2) $\begin{cases} x=1 \\ y=8 \end{cases}$, $\begin{cases} x=2 \\ y=5 \end{cases}$, $\begin{cases} x=3 \\ y=2 \end{cases}$ (3) $\begin{cases} x=3 \\ y=2 \end{cases}$

❷ (1) $\begin{cases} x=-2 \\ y=4 \end{cases}$ (2) $\begin{cases} x=1 \\ y=-2 \end{cases}$ (3) $\begin{cases} x=3 \\ y=1 \end{cases}$

(4) $\begin{cases} x=-3 \\ y=1 \end{cases}$ (5) $\begin{cases} x=-1 \\ y=1 \end{cases}$ (6) $\begin{cases} x=1 \\ y=-5 \end{cases}$

(7) $\begin{cases} x=5 \\ y=-4 \end{cases}$ (8) $\begin{cases} x=4 \\ y=3 \end{cases}$ (9) $\begin{cases} x=4 \\ y=1 \end{cases}$

❸ $\begin{cases} x=3 \\ y=7 \end{cases}$

❹ (1) $\begin{cases} 2x+y=3200 \\ x+3y=3600 \end{cases}$

(2) 大人 1 人 1200 円，子ども 1 人 800 円

❺ りんご 11 個，みかん 19 個

❻ 食塩水 A 8 %，食塩水 B 3 %

❼ A 地から峠 2 km，峠から B 地 3 km

解き方

❶ (1) x に，順に 1，2，3，…を代入して，自然数となる y の値を求めます。

$x=1$ のとき，$y=3$ ➡ y は自然数。

$x=2$ のとき，$y=\frac{5}{2}$ ➡ y は自然数ではない。

$x=3$ のとき，$y=2$ ➡ y は自然数。

$x=4$ のとき，$y=\frac{3}{2}$ ➡ y は自然数ではない。

$x=5$ のとき，$y=1$ ➡ y は自然数。

x が 6 以上のとき，$2y$ は 1 以下になるので，y は自然数にならず，適しません。

(2) x に，順に 1，2，3，…を代入して，自然数となる y の値を求めます。

$x=1$ のとき，$y=8$ ➡ y は自然数。

$x=2$ のとき，$y=5$ ➡ y は自然数。

$x=3$ のとき，$y=2$ ➡ y は自然数。

x が 4 以上のとき，y は負の数になり，適しません。

(3) (1)，(2) の方程式を両方とも成り立たせる x，y の値の組が連立方程式の解となります。

❷ (1)(2) 一方の式を他方の式に代入することによって，1つの文字を消去して解きます。

(1) $\begin{cases} y=-2x & \cdots\cdots① \\ 3x+4y=10 & \cdots\cdots② \end{cases}$

①を②に代入すると，

$3x+4\times(-2x)=10$

$-5x=10$

$x=-2$

$x=-2$ を①に代入すると，$y=4$

(3) どちらかの文字の係数の絶対値をそろえ，左辺どうし，右辺どうしを加えたりひいたりして，その文字を消去して解きます。

2つの式をたして，y の項を消します。

$\begin{cases} x+2y=5 & \cdots\cdots① \\ 3x-2y=7 & \cdots\cdots② \end{cases}$

①+②より，

$$\begin{array}{rrl} & x+2y & =5 \\ +) & 3x-2y & =7 \\ \hline & 4x & =12 \\ & x & =3 \end{array}$$

$x=3$ を①に代入すると，$3+2y=5$ より，$y=1$

(4) 2つの式をそれぞれ整数倍して，x または y の係数の絶対値が等しくなるようにします。

$\begin{cases} 3x+7y=-2 & \cdots\cdots① \\ 2x+5y=-1 & \cdots\cdots② \end{cases}$

$$\begin{array}{lrrl} ①\times2 & & 6x+14y & =-4 \\ ②\times3 & -) & 6x+15y & =-3 \\ \hline & & -\ y & =-1 \\ & & y & =1 \end{array}$$

$y=1$ を②に代入すると，$2x+5=-1$ より，

$x=-3$

❸ $A=B=C$ の形の連立方程式は，

$\begin{cases} A=B \\ A=C \end{cases}$ $\begin{cases} A=B \\ B=C \end{cases}$ $\begin{cases} A=C \\ B=C \end{cases}$

の，どの組み合わせをつくって解いてもよいです。

$\begin{cases} -x+y=4 \\ 6x-2y=4 \end{cases}$

として，これを解きます。

❹ (1) 大人2人と子ども1人では3200円なので，

$2x+y=3200$

大人1人と子ども3人では3600円なので，

$x+3y=3600$

(2) $\begin{cases} 2x+y=3200 & \cdots\cdots① \\ x+3y=3600 & \cdots\cdots② \end{cases}$

①より，$y=3200-2x$ ……①′

①′を②に代入すると，

$x+3(3200-2x)=3600$

$x+9600-6x=3600$

$-5x=-6000$

$x=1200$

$x=1200$ を①′に代入すると，$y=800$

❺ りんごを x 個，みかんを y 個買ったとして連立方程式をつくります。

$\begin{cases} x+y=30 & \cdots\cdots① \\ 120x+50y=2270 & \cdots\cdots② \end{cases}$

$$\begin{array}{lrrl} ② & & 120x+50y & =2270 \\ ①\times50 & -) & 50x+50y & =1500 \\ \hline & & 70x & =770 \\ & & x & =11 \end{array}$$

$x=11$ を①に代入すると，$y=19$

❻ 食塩水Aの濃度を x%，食塩水Bの濃度を y% として連立方程式をつくります。

200gの食塩水Aと300gの食塩水Bを混ぜると5%の食塩水になることから，

$200\times\dfrac{x}{100}+300\times\dfrac{y}{100}=500\times\dfrac{5}{100}$

300gの食塩水Aと200gの食塩水Bを混ぜると6%の食塩水になることから，

$300\times\dfrac{x}{100}+200\times\dfrac{y}{100}=500\times\dfrac{6}{100}$

それぞれ式を整理すると，次の連立方程式がつくれます。

$\begin{cases} 2x+3y=25 \\ 3x+2y=30 \end{cases}$

❼ A地から峠までを x km，峠からB地までを y km として連立方程式をつくります。

行きはA地から峠までを時速2km，峠からB地までを時速4kmで歩いたら，1時間45分，すなわち，$1\dfrac{45}{60}$ 時間かかったので，$\dfrac{x}{2}+\dfrac{y}{4}=1\dfrac{45}{60}$

帰りはB地から峠までを時速2km，峠からA地までを時速4kmで歩いたら，2時間かかったので，

$\dfrac{y}{2}+\dfrac{x}{4}=2$

それぞれ式を整理すると，次の連立方程式がつくれます。

$\begin{cases} 2x+y=7 \\ x+2y=8 \end{cases}$

▶ 本文 p.21-23

3章 1次関数

1節 1次関数

p.21-23 Step 2

❶ ㋐

解き方 $y=ax+b$ の形(y が x の1次式)で表される式が1次関数です。㋐は，$y=50x+70$ なので，1次関数です。㋑は，$xy=36$ より，$y=\frac{36}{x}$ なので，1次関数ではありません。㋒は進む速度によって，かかる時間 y はちがうので1次関数といえません。

❷ (1) ㋐ -14　㋑ -11　㋒ -8
㋓ -5　㋔ -2　㋕ 1
㋖ 5
(2) 3

解き方 (1) ㋖ $y=10$ を $y=3x-5$ に代入して，x の値を求めます。
(2) $y=ax+b$ では，x の値が1ずつ増加すると，対応する y の値は a ずつ増加するので，$y=3x-5$ では，3となります。

❸ (1) $-\frac{2}{3}$　(2) -12

解き方 (1) 変化の割合は一定で，$y=ax+b$ の a に等しいです。
(2) $(変化の割合)=\frac{(y\text{の増加量})}{(x\text{の増加量})}$ より，
$(y$ の増加量$)=(x$ の増加量$)\times($変化の割合$)$
よって，$18\times\left(-\frac{2}{3}\right)=-12$

❹ (1) -5　(2) $\frac{2}{3}$　(3) -3

解き方 (1) x の値が1増加するときの y の増加量は，変化の割合に等しいです。
(2) $(変化の割合)=\frac{(y\text{の増加量})}{(x\text{の増加量})}$ より，
$(変化の割合)=\frac{8}{3}\div4=\frac{2}{3}$
(3) x の増加量は $3-(-2)=5$
y の増加量は $-31-(-16)=-15$ なので，
$(変化の割合)=\frac{-15}{5}=-3$

❺ (1) y 軸の正の向きに，6だけ平行移動させたもの
(2) 傾き $-\frac{3}{5}$，切片 6

解き方 (1) 1次関数 $y=ax+b$ のグラフは，$y=ax$ のグラフを，y 軸の正の向きに，b だけ平行移動させたものです。
(2) 1次関数 $y=ax+b$ のグラフは直線であり，a はその直線の傾きを表しています。b はこの直線と y 軸の交点の y 座標ですので，この直線の切片は b の値です。

❻ (1) ㋑　(2) ㋐
(3) ㋐　(4) ㋑，㋒

解き方 (1) 1次関数 $y=ax+b$ のグラフの傾きは a の値です。
(2) 1次関数 $y=ax+b$ で $a>0$ のとき，x の値が増加すると，対応する y の値も増加します。また，$a<0$ のとき，x の値が増加すると，対応する y の値は減少します。
(3) x の値が増加すると，対応する y の値も増加するとき，グラフは右上がりになります。
(4) x の値が増加すると，対応する y の値が減少するとき，グラフは右下がりになります。

❼

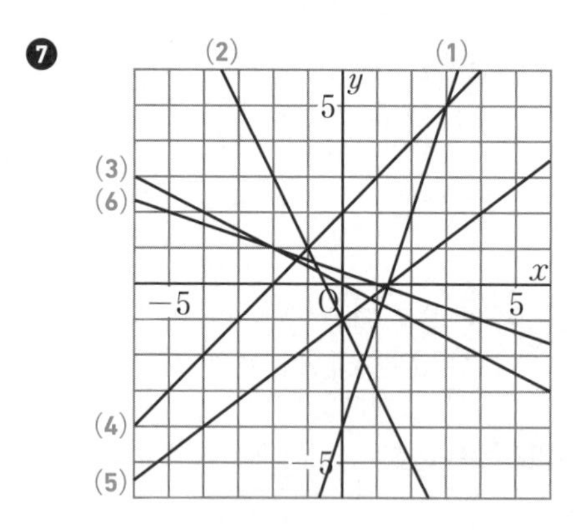

解き方 切片や傾きなどをもとにして，グラフが通る2点を求めます。次の2通りのかき方があります。
① 傾きと切片を求めてかく。
(例)(1)は，傾き3，切片 -4
(2)は，傾き -2，切片 -1
(4)は，傾き1，切片2

②y が整数となるような適当な整数を x に選び，2 点を求めてかく。

(例)(3) は，2 点 (0, 0)，(2, −1) を通る。

(5) は，2 点 (0, −1)，(4, 2) を通る。

(6) は，2 点 (4, −1)，(1, 0) を通る。

8 (1) $y=-4x-4$　(2) $y=-2x+4$

(3) $y=\frac{1}{2}x+1$　(4) $y=\frac{2}{3}x-\frac{5}{3}$

解き方 傾きと切片を読み取ります。

(1) 直線は y 軸上の点 (0, −4) を通るから，切片は −4 であり，右へ 1 進むと下へ 4 進むから，傾きは −4 です。

よって，求める式は，$y=-4x-4$

(2) 直線は y 軸上の点 (0, 4) を通るから，切片は 4 であり，右へ 1 進むと下へ 2 進むから，傾きは −2 です。

よって，求める式は，$y=-2x+4$

(3) 直線は y 軸上の点 (0, 1) を通るから，切片は 1 であり，右へ 2 進むと上へ 1 進むから，傾きは $\frac{1}{2}$ です。

よって，求める式は，$y=\frac{1}{2}x+1$

(4) 求める直線の式を $y=ax+b$ とします。切片 b が読み取れないので，直線上の点の座標が整数である 2 点を見つけて，傾きを求めます。

直線は右へ 3 進むと上へ 2 進むから，傾きは $\frac{2}{3}$ より

$a=\frac{2}{3}$ だから，$y=\frac{2}{3}x+b$

また，(1, −1) を通るので，$x=1$，$y=-1$ を代入すると，$b=-\frac{5}{3}$

よって，求める式は，$y=\frac{2}{3}x-\frac{5}{3}$

9 (1) $y=-2x+5$　(2) $y=4x-3$

(3) $y=-2x+15$　(4) $y=-\frac{3}{4}x+3$

解き方 求める直線の式を $y=ax+b$ とします。

(1) 変化の割合が −2 であるから，$a=-2$ で，$y=-2x+b$

$x=1$，$y=3$ を代入すると，$b=5$

したがって，求める式は，$y=-2x+5$

(2) 変化の割合が 4 であるから，$a=4$ で，$y=4x+b$

$x=1$，$y=1$ を代入すると，$b=-3$

したがって，求める式は，$y=4x-3$

(3) (変化の割合) $=\frac{-1-3}{8-6}=-2$

だから，$y=-2x+b$

$x=6$，$y=3$ を代入すると，$b=15$

したがって，求める式は，$y=-2x+15$

別解

$x=6$ のとき $y=3$ だから，$3=6a+b$ ……①

$x=8$ のとき $y=-1$ だから，$-1=8a+b$ ……②

① と ② を連立方程式として解くと，

$$\begin{cases} a=-2 \\ b=15 \end{cases}$$

したがって，求める式は，$y=-2x+15$

(4) x の増加量が 4 のときの y の増加量が −3 だから，

(変化の割合) $=\frac{(y\text{の増加量})}{(x\text{の増加量})}=-\frac{3}{4}$

だから，$y=-\frac{3}{4}x+b$

$x=8$，$y=-3$ を代入すると，$b=3$

したがって，求める式は，$y=-\frac{3}{4}x+3$

2節 方程式とグラフ

p.25 Step ❷

❶

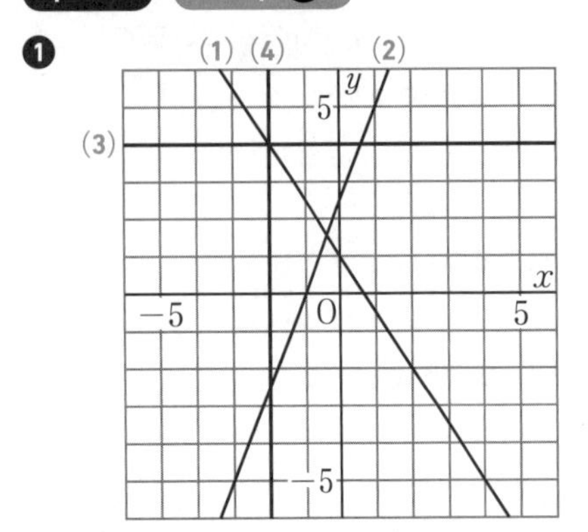

解き方 y について解き，傾きと切片からグラフをかきます。

(1) $3x+2y=2$

$2y=-3x+2$

$y=-\frac{3}{2}x+1$ ➡ 切片は 1，傾きは $-\frac{3}{2}$

(2) $5x-2y=-5$

$2y=5x+5$

$y=\frac{5}{2}x+\frac{5}{2}$ ➡ 切片は $\frac{5}{2}$，傾きは $\frac{5}{2}$

$x=-1$ のとき $y=0$ だから，点 $(-1,\ 0)$ を通り，傾き $\frac{5}{2}$ の直線をかく。

(3) $4y=16$ より，$y=4$

したがって，$4y=16$ のグラフは，点 $(0,\ 4)$ を通り，x 軸に平行な直線となります。

(4) $-5x=10$ より，$x=-2$

したがって，$-5x=10$ のグラフは，点 $(-2,\ 0)$ を通り，y 軸に平行な直線となります。

❷ (1) $y=x+2$　(2) $y=3x-1$　(3) $\left(\frac{3}{2},\ \frac{7}{2}\right)$

解き方 傾きと切片を読み取ります。

(1) 直線は y 軸上の点 $(0,\ 2)$ を通るから，切片は 2 であり，右へ 1 進むと上へ 1 進むから，傾きは 1 です。

よって，求める式は，$y=x+2$

(2) 直線は y 軸上の点 $(0,\ -1)$ を通るから，切片は -1 であり，右へ 1 進むと上へ 3 進むから，傾きは 3 です。

よって，求める式は，$y=3x-1$

(3) 連立方程式 $\begin{cases} y=x+2 \\ y=3x-1 \end{cases}$ を解くと，$x=\frac{3}{2}$，$y=\frac{7}{2}$

となるから，交点の座標は，$\left(\frac{3}{2},\ \frac{7}{2}\right)$ です。

❸ (1) $\begin{cases} x=2 \\ y=1 \end{cases}$　(2) $\begin{cases} x=-4 \\ y=3 \end{cases}$

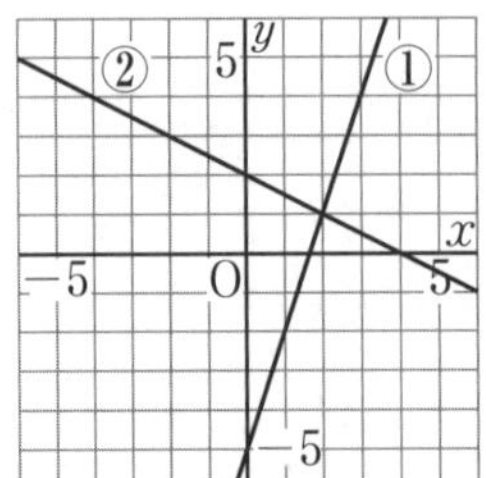

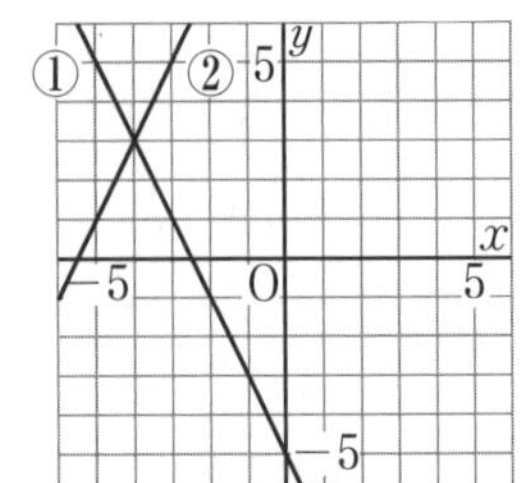

解き方 連立方程式の解は，それぞれの方程式のグラフの交点の座標，つまり，2 直線の交点の座標として求めることができます。2 つの方程式のグラフを正しくかき，交点の座標を調べましょう。

(1) 直線①は，$3x-y=5$ より，$y=3x-5$

よって，傾き 3，切片 -5 の直線をかきます。

また，直線②は，$x+2y=4$ より，$y=-\frac{1}{2}x+2$

傾き $-\frac{1}{2}$，切片 2 の直線をかきます。

この 2 直線のグラフの交点は，$(2,\ 1)$ になります。

(2) 直線①は，$4x+2y=-10$ より，$y=-2x-5$

傾き -2，切片 -5 の直線をかきます。

また，直線②は，$2x-y=-11$ より，$y=2x+11$

$x=-5$ のとき $y=1$ だから，点 $(-5,\ 1)$ を通り，傾き 2 の直線をかきます。

この 2 直線のグラフの交点は，$(-4,\ 3)$ となる。

参考 (2) で求めた x 座標，y 座標を連立方程式に代入して，連立方程式の解が，グラフの交点の座標と一致することを確かめます。

$4x+2y=-10$ に，$x=-4$，$y=3$ を代入すると，

(左辺) $=4\times(-4)+2\times3$

$=-16+6$

$=-10=$ (右辺)

$2x-y=-11$ に，$x=-4$，$y=3$ を代入すると，

(左辺) $=2\times(-4)-3$

$=-8-3$

$=-11=$ (右辺)

連立方程式の解が，グラフの交点の座標と一致しました。

3節 1次関数の利用

p.27 Step 2

❶ (1) $y=\dfrac{5}{2}x+\dfrac{45}{2}$

(2) x の変域 $0 \leqq x \leqq 9$，y の変域 $\dfrac{45}{2} \leqq y \leqq 45$

(3)

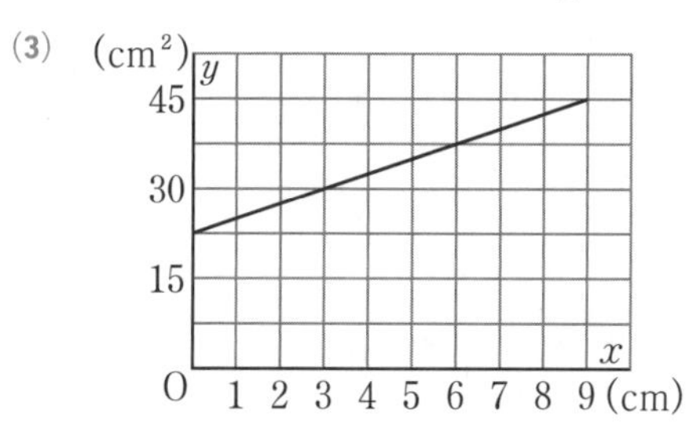

(4) 3

解き方 (1) $PC=9-x$(cm) です。

四角形 ABPD＝四角形 ABCD－△DPC より，

$y=5\times9-\dfrac{1}{2}\times5\times(9-x)$

$=\dfrac{5}{2}x+\dfrac{45}{2}$

別解 台形 ABPD とみて，

$y=(9+x)\times5\times\dfrac{1}{2}$

$=\dfrac{5}{2}x+\dfrac{45}{2}$

(2) 点 P は辺上を B から C まで動くので，x の変域は，$0\leqq x\leqq 9$ です。

y の値の最小値は，点 P が B にあるときの面積となり，底辺は AB で 5cm，高さは AD で 9cm の三角形だから，

$\dfrac{1}{2}\times5\times9=\dfrac{45}{2}$

また，y の値の最大値は，点 P が C にあるときの面積となり，縦は AB で 5cm，横は AD で 9cm の長方形だから，

$5\times9=45$

よって，y の変域は，$\dfrac{45}{2}\leqq y\leqq 45$

(3) 変域に注意して，(1) で求めた式のグラフをかく。

(4) (1) で求めた式に，$y=30$ を代入すると，

$30=\dfrac{5}{2}x+\dfrac{45}{2}$

$60=5x+45$

$5x=15$

$x=3$

❷ (1) $y=4x$　　(2) $y=10x-15$

(3)

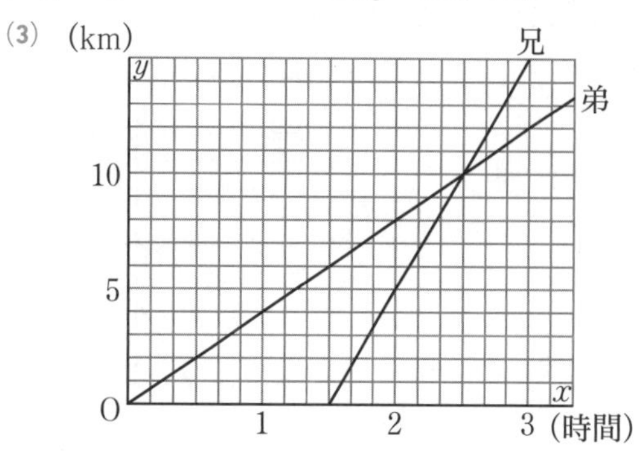

(4) 2.5 時間後

解き方 (1) 原点を通って，傾きは 4 の直線なので，$y=4x$ です。

(2) 傾きは 10 なので，$y=10x+b$ とします。

点 (1.5, 0) を通るので，$x=1.5$，$y=0$ を代入して，

$0=10\times1.5+b$ より，$b=-15$

よって，$y=10x-15$

(3) 弟のグラフは，式 $y=4x$ に $x=1$ を代入して，$y=4$ なので，2 点 (0, 0)，(1, 4) を通るグラフをかきます。

兄のグラフは，式 $y=10x-15$ に $x=2$ を代入して $y=5$，また，$x=3$ を代入して $y=15$ なので，2 点 (2, 5)，(3, 15) を通るグラフになります。

(4) (3) でかいたグラフより，2 つの直線が交わるところで，兄は弟に追いつきます。

点 (2.5, 10) で交わっているので，兄は弟が出発して 2.5 時間後に，家から 10km のところで追いつきます。

別解 2 つの直線の交わりがグラフから読み取れない場合は，(1) と (2) の式の連立方程式から求めることができます。

$\begin{cases} y=4x & \cdots\cdots① \\ y=10x-15 & \cdots\cdots② \end{cases}$

① を ② に代入すると，

$4x=10x-15$

$-6x=-15$

$x=2.5$

$x=2.5$ を ① に代入すると，$y=10$

よって，兄は弟が出発して 2.5 時間後に，家から 10km のところで追いつくことがわかります。

p.28-29 Step 3

❶ ㋐

❷ (1) -3 (2) -15

❸ (右の図)

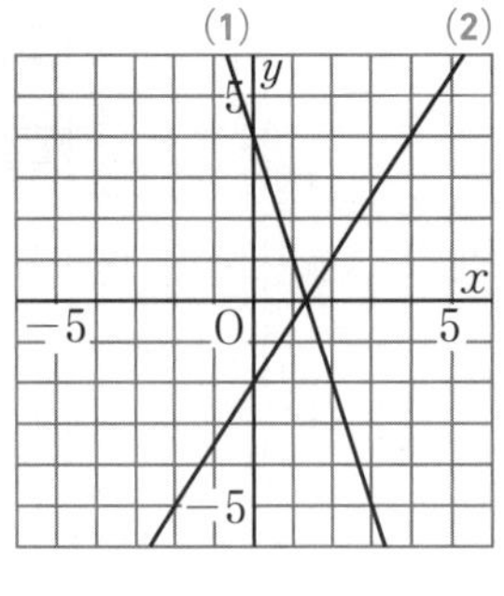

❹ (1) ① $y=-\frac{2}{3}x-3$

② $y=2$

③ $x=-4$

④ $y=3x+1$

(2) $\left(-\frac{12}{11},\ -\frac{25}{11}\right)$ (3) $\left(\frac{1}{3},\ 2\right)$

❺ (1) $y=\frac{1}{3}x+3$ (2) $y=\frac{1}{2}x+2$

❻ (1) $\left(\frac{3}{11},\ \frac{18}{11}\right)$ (2) $y=\frac{1}{2}x-1$

❼ (1) $y=4x\ (0\leqq x\leqq 4)$ (2) $y=16\ (4\leqq x\leqq 12)$

(3) $y=-4x+64\ (12\leqq x\leqq 16)$

(4) (右の図)

(5) 2, 14

❽ (1) 5cm

(2) 140g

解き方

❶ 1次関数は，$y=ax+b$ の形で表されます。

㋐ $y=100+30\times x$ より，$y=30x+100$

㋑ $y=x\times x\times\pi$ より，$y=\pi x^2$

㋒ $y=20\div x$ より，$y=\frac{20}{x}$

❷ (1) (x の増加量)$=6-2=4$

(y の増加量)$=-14-(-2)=-12$ より，

(変化の割合)$=\frac{-12}{4}=-3$

(2) (変化の割合)$=\frac{(y\text{の増加量})}{(x\text{の増加量})}$ より，

(y の増加量)$=$(x の増加量)$\times$(変化の割合)

よって，$5\times(-3)=-15$

❸ (1) 傾き -3，切片 4 の直線をかきます。

(2) 傾き $\frac{3}{2}$，切片 -2 の直線をかきます。

❹ (1) 直線①は y 軸上の点 $(0,\ -3)$ を通るから，切片は -3 で，傾きは $-\frac{2}{3}$ です。求める式は，$y=-\frac{2}{3}x-3$ です。

直線②は y 軸上の点 $(0,\ 2)$ を通り，x 軸に平行だから，求める式は，$y=2$ です。

直線③は x 軸上の点 $(-4,\ 0)$ を通り，y 軸に平行だから，求める式は，$x=-4$ です。

直線④は y 軸上の点 $(0,\ 1)$ を通るから，切片は 1 で，傾きは 3 です。求める式は，$y=3x+1$ です。

(2) 連立方程式 $\begin{cases} y=-\frac{2}{3}x-3 \\ y=3x+1 \end{cases}$ を解きます。

(3) 連立方程式 $\begin{cases} y=2 \\ y=3x+1 \end{cases}$ を解きます。

❺ 切片を b とします。

(1) 変化の割合が $\frac{1}{3}$ であるから，$y=\frac{1}{3}x+b$

$x=6$，$y=5$ を代入すると，$b=3$

(2) (変化の割合)$=\frac{4-1}{4-(-2)}=\frac{1}{2}$ であるから，

$y=\frac{1}{2}x+b$ $x=4$，$y=4$ を代入すると，$b=2$

❻ (1) 連立方程式 $\begin{cases} 4x+3y-6=0 \\ 6x-y=0 \end{cases}$ を解きます。

(2) 直線 $y=-x+2$ と直線 $y=0$ (x 軸) との交点の座標は，$y=0$ を $y=-x+2$ に代入して，$(2,\ 0)$ です。よって，2点 $(8,\ 3)$，$(2,\ 0)$ を通る直線の式を求めます。

❼ (1) $y=\frac{1}{2}\times8\times x$ より，$y=4x\ (0\leqq x\leqq 4)$

(2) $y=\frac{1}{2}\times8\times4$ より，$y=16\ (4\leqq x\leqq 12)$

(3) $\mathrm{CP}=(4+8+4)-x=16-x$(cm) だから，

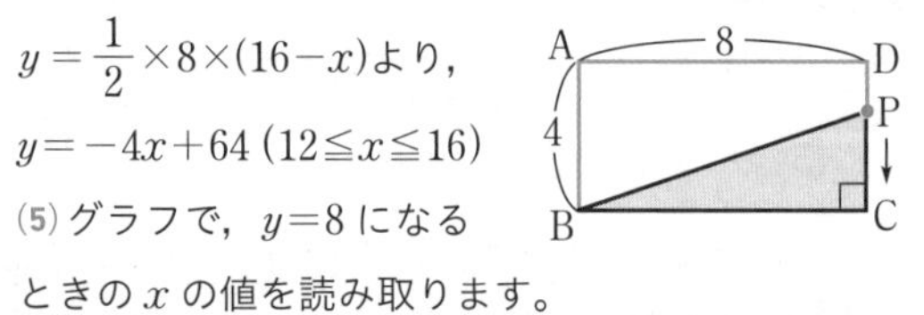

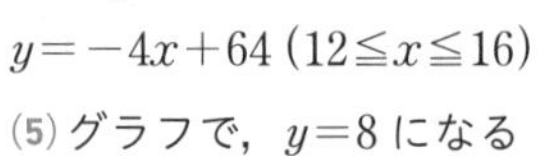

$y=\frac{1}{2}\times8\times(16-x)$ より，

$y=-4x+64\ (12\leqq x\leqq 16)$

(5) グラフで，$y=8$ になるときの x の値を読み取ります。

❽ (1) おもり 1g をつるしたときのばねののびを $a$cm，おもりをつるさないときのばねの長さを $b$cm とすると，xg のおもりをつるしたときのばねの長さ $y$cm は，$y=ax+b$ で表されます。

$x=60$ のとき $y=14$ だから，$14=60a+b$ ……①

$x=220$ のとき $y=38$ だから，$38=220a+b$ …②

①と②を連立方程式として解いて a，b の値を求めると，$a=\frac{3}{20}$，$b=5$ よって，$y=\frac{3}{20}x+5$

おもりをつるさないので，$x=0$ のときの y の値 (切片) を求めます。

(2) $y=26$ のときの x の値を求めます。

4章 平行と合同

1節 角と平行線

p.31-34 Step ❷

❶ $\angle x=30^\circ$, $\angle y=100^\circ$

解き方 $\angle x$ は 30° の対頂角です。

$\angle y=180^\circ-(\angle x+50^\circ)$

$=180^\circ-(30^\circ+50^\circ)$

$=100^\circ$

参考 $\angle x$

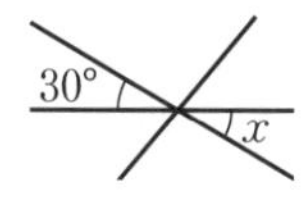

❷ (1) $\angle c$　(2) $\angle e$　(3) $\angle f$

(4) $\angle h$　(5) $\angle a$

解き方 (1) 右の図のように，2 直線 ℓ と m が交わっているので，$\angle a$ と $\angle c$ は対頂角になります。

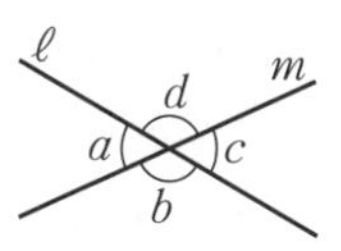

(2)(3) 右の図のように，2 直線 ℓ，n に 1 つの直線 m が交わっているので，$\angle a$ と $\angle e$ は同位角，$\angle b$ と $\angle f$，$\angle c$ と $\angle g$，$\angle d$ と $\angle h$ もそれぞれ同位角です。

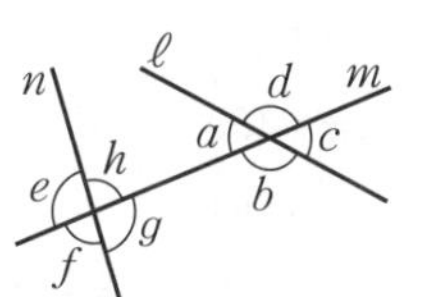

(4)(5) $\angle b$ と $\angle h$，$\angle g$ と $\angle a$ がそれぞれ錯角です。

❸ (1) 100°　(2) 60°　(3) 108°

(4) 50°

解き方 (1) 平行線の同位角は等しいから，$\angle x=100^\circ$

(2) 平行線の錯角は等しいから，$\angle x=60^\circ$

(3) 平行線の錯角は等しいから，$\angle x=108^\circ$

(4) 平行線の同位角は等しいから，

$\angle x=180^\circ-130^\circ=50^\circ$

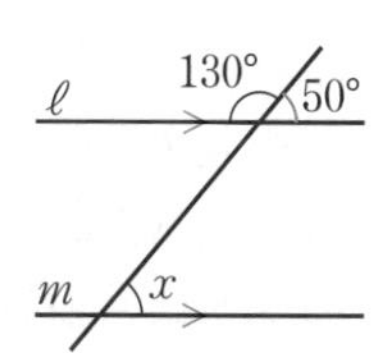

❹ (1) $\angle b+\angle c$　(2) $\angle a$　(3) $\angle a+\angle b$

解き方 (1) $\angle a+\angle d$，$\angle b+\angle e$ も 180° になりますが，これらは直線 n を表していません。

(3) $\angle b+\angle c=180^\circ$ に $\angle c=\angle a$ を代入します。

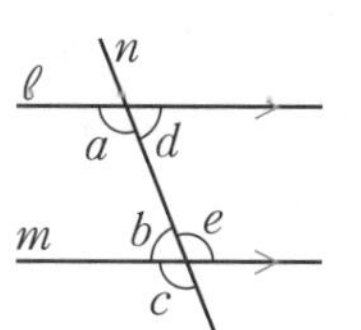

❺ (1) 117°　(2) 113°　(3) 38°

(4) 75°　(5) 48°

(6) $\angle x=108^\circ$　$\angle y=138^\circ$

解き方 (1) 三角形の 1 つの外角は，それととなり合わない 2 つの内角の和に等しいから，

$\angle x=57^\circ+60^\circ=117^\circ$

(2) 三角形の 1 つの外角は，それととなり合わない 2 つの内角の和に等しいから，

$\angle x=55^\circ+(180^\circ-122^\circ)=113^\circ$

(3) △DEC で，1 つの外角は，それととなり合わない 2 つの内角の和に等しいから，

$\angle ECD+30^\circ=118^\circ$

$\angle ECD=118^\circ-30^\circ=88^\circ$

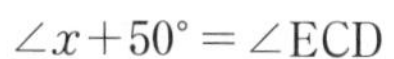
△ABC で同様に，

$\angle x+50^\circ=\angle ECD$

$\angle x=\angle ECD-50^\circ$

$=88^\circ-50^\circ=38^\circ$

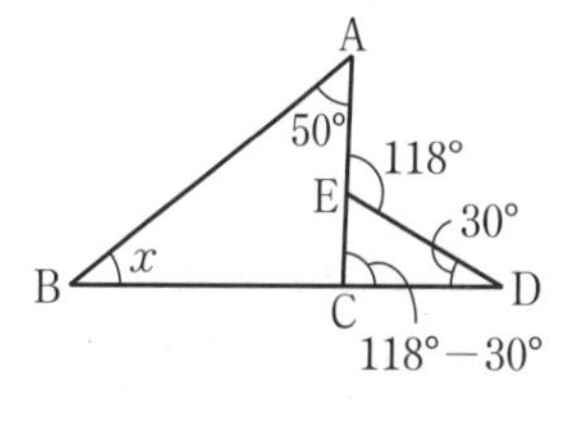

(4) △CED で，1 つの外角は，それととなり合わない 2 つの内角の和に等しいから，

$\angle CED+35^\circ=130^\circ$

$\angle CED=130^\circ-35^\circ=95^\circ$

△BEA で同様に，

$\angle x+20^\circ=\angle CED$

$\angle x=\angle CED-20^\circ$

$=95^\circ-20^\circ=75^\circ$

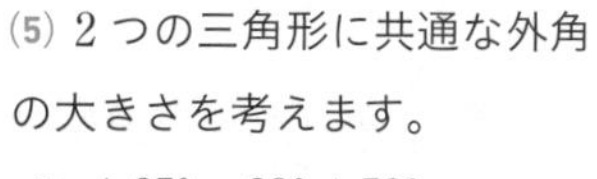
(5) 2 つの三角形に共通な外角の大きさを考えます。

$\angle x+65^\circ=63^\circ+50^\circ$

$\angle x=48^\circ$

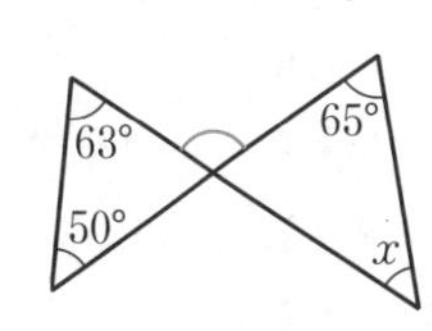

(6) △AIE で，1 つの外角は，それととなり合わない 2 つの内角の和に等しいから，

$\angle AIB=64^\circ+28^\circ=92^\circ$

△BEF で同様に，$\angle BED=16^\circ+30^\circ=46^\circ$

△BIH で同様に，

$\angle x=16^\circ+\angle BIH$

$=16^\circ+\angle AIB$

$=16^\circ+92^\circ=108^\circ$

△ADE で同様に，

$\angle y=28^\circ+\angle AED$

$=28^\circ+\angle AEI+\angle BED$

$=28^\circ+64^\circ+46^\circ=138^\circ$

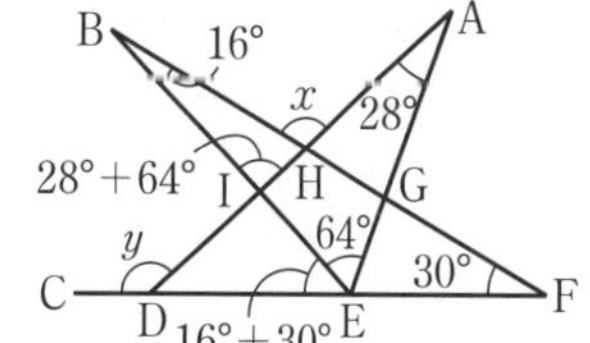

6 (1) 58°　(2) 50°　(3) 87°
(4) 78°　(5) 50°　(6) 35°

解き方 (1) 平行線の錯角は等しいことと，三角形の1つの外角は，それととなり合わない2つの内角の和に等しいことから，

$40° + \angle x = 98°$

$\angle x = 58°$

(2) 平行線の同位角は等しいことと，三角形の1つの外角は，それととなり合わない2つの内角の和に等しいことから，

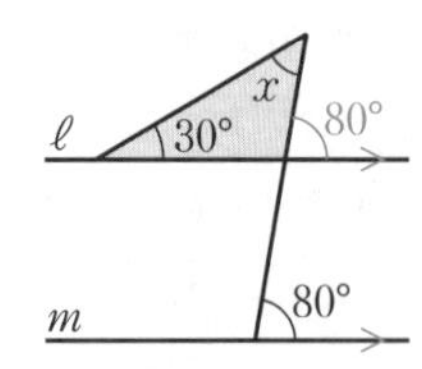

$30° + \angle x = 80°$

$\angle x = 50°$

(3) 三角形の角を通り，直線 ℓ，m に平行な直線をひくと，平行線の錯角が等しいことが利用できます。

$180° - (126° + 27°) = 27°$

$\angle x = 27° + 60°$

$= 87°$

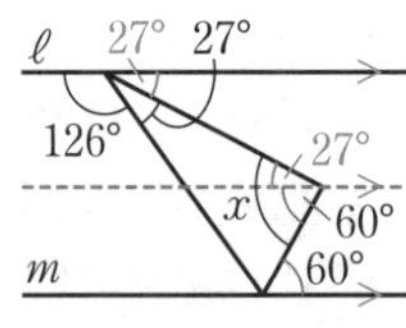

(4) 折れ線の頂点を通り，直線 ℓ，m に平行な直線をひくと，平行線の錯角が等しいことが利用できます。

$180° - 120° = 60°$

$\angle x = 18° + 60°$

$= 78°$

(5) 折れ線の頂点を通り，直線 ℓ，m に平行な直線をひき，対頂角が等しいことと，平行線の錯角が等しいことを利用します。

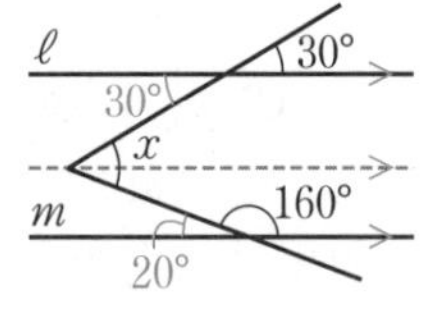

$180° - 160° = 20°$

$\angle x = 30° + 20°$

$= 50°$

(6) 右の図のように補助線をひいて考えます。

三角形の1つの外角は，それととなり合わない2つの内角の和に等しいことより，

$(\angle x + 45°) + 25° = 105°$

$\angle x = 35°$

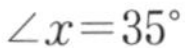

7 (1) 900°　(2) 144°　(3) 72°

解き方 (1) $180° \times (7-2) = 900°$

(2) $180° \times (10-2) = 1440°$，$1440° \div 10 = 144°$

(3) n 角形の外角の和は 360°だから，$360° \div 5 = 72°$

8 (1) 115°　(2) 110°　(3) 101°
(4) 113°

解き方 (1) n 角形の外角の和は 360°だから，

$\angle x = 360° - (110° + 135°) = 115°$

(2) 五角形の内角の和は，

$180° \times (5-2) = 540°$

$\angle x = 540° - (95° + 120° + 130° + 85°)$

$= 110°$

(3) n 角形の外角の和は 360°だから，

$(\angle x$ の外角$) + 38° + 35° + 90° + 118° = 360°$

$(\angle x$ の外角$) = 79°$

よって，

$\angle x = 180° - 79°$

$= 101°$

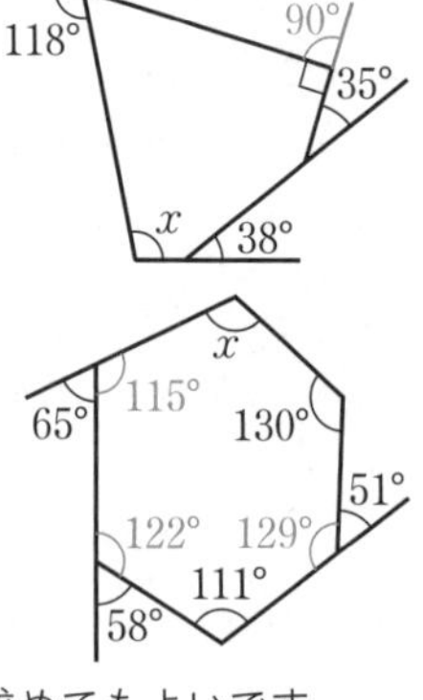

(4) 六角形の内角の和は，

$180° \times (6-2) = 720°$

$\angle x + 115° + 122° + 111° + 129° + 130° = 720°$

よって，$\angle x = 113°$

別解 n 角形の外角の和から求めてもよいです。

9 (例) △AHE で，$\angle a + \angle e = \angle \mathrm{IHC}$

△BIF で，$\angle b + \angle f = \angle \mathrm{DIH}$

よって，$\angle a + \angle b + \angle c + \angle d + \angle e + \angle f$

$= (\angle a + \angle e) + (\angle b + \angle f) + \angle c + \angle d$

$= \angle \mathrm{IHC} + \angle \mathrm{DIH} + \angle c + \angle d$

これは，四角形 CDIH の4つの内角の和に等しいから，360°である。

(別解) 頂点 B と C を直線で結ぶ。

△BCH と △AHE で，

対頂角は等しいから，$\angle \mathrm{BHC} = \angle \mathrm{AHE}$

よって，$\angle \mathrm{HBC} + \angle \mathrm{HCB} = \angle a + \angle e$

四角形 BCDF の内角の和は 360°だから，

$\angle b + (\angle a + \angle e) + \angle c + \angle d + \angle f = 360°$

解き方 2つの角を1つにまとめていきます。

2節 図形の合同

p.36-39 Step ❷

❶ 四角形 EFGH ≡ 四角形 MNOP

解き方 四角形の辺の長さや角の大きさを比べます。

❷ 合同な三角形 ㋐，㋔　，合同条件 ①
　合同な三角形 ㋑，㋕，㋗，合同条件 ③
　合同な三角形 ㋒，㋓，㋘，合同条件 ②

解き方 合同条件にあてはめて考えます。
㋐では，3 辺の長さが，㋑では，1 辺の長さとその両端の角の大きさが，㋒では，2 辺の長さとその間の角の大きさがそれぞれわかっています。
㋗の三角形の残り 1 つの角の大きさは，
$180° - (60° + 85°) = 35°$
したがって，㋗は㋑と合同になります。

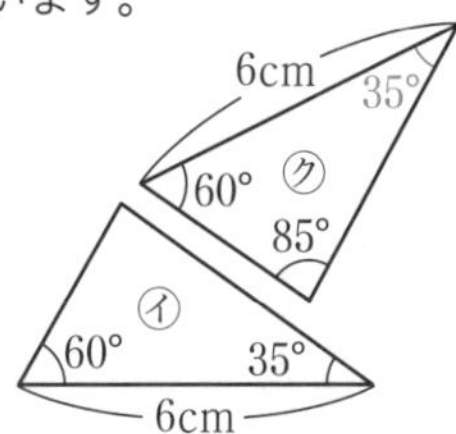

❸ 合同な三角形 △OAD≡△OCB，合同条件 ③

解き方 平行線の錯角は等しいから，
∠OAD＝∠OCB，
∠ODA＝∠OBC
になります。

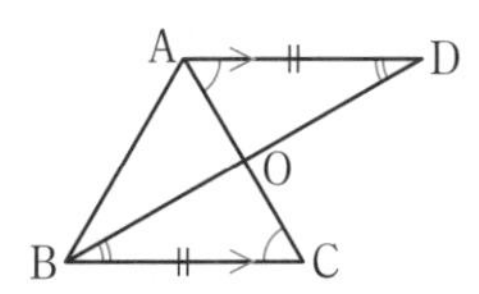

❹ (1) 仮定 AB＝AC，結論 ∠B＝∠C
　(2) 仮定 a，b が連続する自然数，
　　結論 $a+b$ は奇数

解き方 (2) 仮定や結論がことばで表されている場合もあります。

❺ (図は右)
　仮定 ∠POA＝∠POB
　　　∠PAO＝90°
　　　∠PBO＝90°
　結論 PA＝PB

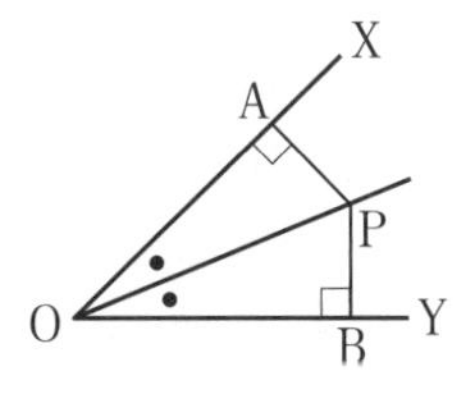

解き方 作図題ではないので，作図線は残さないでよいです。図に，同じ大きさの角であることを示す記号や垂直の記号をかきこんでおきます。
仮定の，∠PAO＝90°，∠PBO＝90°は，それぞれ，PA⊥OA，PB⊥OB としてもよいです。

❻ (1) 仮定 AB＝AC，∠BAM＝∠CAM
　　結論 BM＝CM
　(2) △ABM と △ACM
　(3) ㋐ △ACM　㋑ AC　㋒ ∠CAM
　　㋓ 2 組の辺とその間の角がそれぞれ等しい
　　㋔ △ACM　㋕ 対応する辺
　　㋖ CM

解き方 (1) 仮定や結論を書くときにも，対応する辺や角の関係を考えて表します。
(3) 合同条件は，同じ内容になっていれば，表現が多少ちがってもよいです。

❼ (1) AD　(2) CA
　(3) CAD　(4) 60
　(5) 2 組の辺とその間の角が，それぞれ等しい
　(6) CAD　(7) 対応する辺
　(8) CD

解き方 (1)，(2)，(3) の等しい辺や角を書くとき，最初の「△ABE と △CAD で」の順番どおり，等号の左に △ABE の辺や角，右に △CAD の辺や角を書きましょう。仮定や結論を書くときにも，対応する辺や角の関係を考えて表します。
合同条件は，同じ内容になっていれば，表現が多少ちがってもよいです。

❽ (例) △ABC と △DCB で，
　仮定から，　AB＝DC ……①
　　　　　　　AC＝DB ……②
　共通な辺だから，　BC＝CB ……③
　①，②，③ から，3 組の辺がそれぞれ等しいので，
　△ABC≡△DCB
　合同な三角形の対応する角だから，
　∠BAC＝∠CDB

解き方 仮定より，AB＝DC，AC＝DB
共通な辺より，BC－CB
　別解 △ABD と △DCA が合同であることを利用して導くこともできます。
　△ABD と △DCA で，
　仮定から，AB＝DC ……①　DB＝AC ……②
　共通な辺だから，AD＝DA ……③

①，②，③ から，3 組の辺がそれぞれ等しいので，
△ABD≡△DCA
合同な三角形の対応する角だから，
∠BAD＝∠CDA ……④
∠BDA＝∠CAD ……⑤
④，⑤ から，
∠BAC＝∠BAD－∠CAD
＝∠CDA－∠BDA＝∠CDB

❾ (例) △AQP と △BCP で，
点 P は辺 AB の中点だから，
AP＝BP ……①
AD∥BC で，錯角だから，
∠QAP＝∠CBP ……②
対頂角だから，∠APQ＝∠BPC ……③
①，②，③ から，1 組の辺とその両端の角がそれぞれ等しいので，
△AQP≡△BCP
合同な三角形の対応する辺だから，PQ＝PC

解き方 PQ＝PC を証明するために，PQ を辺にもつ三角形と PC を辺にもつ三角形に注目して，その合同を証明します。
点 P は線分 AB の中点より，AP＝BP
平行線の錯角より，∠QAP＝∠CBP
対頂角の性質より，∠APQ＝∠BPC

❿ (1) AD の長さ
(2) (例) 方法 ①，② より，△ABC≡△ADC であり，AB＝AD がいえるので，2 本の木の距離が求められることになる。

解き方 △ABC≡△ADC を証明しておきます。
△ABC と △ADC で，
共通な辺だから，　AC＝AC ……①
仮定から，　BC＝DC ……②
∠ACB＝∠ACD ……③
①，②，③ から，2 組の辺とその間の角がそれぞれ等しいので，
△ABC≡△ADC
合同な三角形の対応する辺だから，
AB＝AD

p.40-41 Step ❸

❶ (1) 125°　(2) 55°　(3) 65°　(4) 60°　(5) 90°
(6) 40°　(7) 20°　(8) 122°　(9) 101°
❷ (1) 22.5°　(2) 3240°　(3) 正八角形　(4) 十二角形
❸ (1) 72°　(2) 108°　(3) 48°　(4) 12°
❹ 合同な三角形 ㋑と㋓
合同条件 1 組の辺とその両端の角がそれぞれ等しい
❺ (1) 仮定 ∠B＝∠C　　結論 AB＝AC
(2) 仮定 ∠A＋∠B＝90°　　結論 ∠C＝90°
(3) 仮定 $x>0$，$y<0$　　結論 $xy<0$
❻ (1) 仮定 MA＝MB，OM⊥AB，NB＝NC，ON⊥BC
結論 OA＝OB＝OC
(2) △OAM と △OBM，△OBN と △OCN
(3) (例) △OAM と △OBM において，
仮定より，　MA＝MB ……①
∠OMA＝∠OMB ……②
共通な辺だから，　OM＝OM ……③
①，②，③ から，2 組の辺とその間の角がそれぞれ等しいので，
△OAM≡△OBM
合同な三角形の対応する辺だから，OA＝OB

解き方
❶ (1) 55°の同位角を考えて，$\angle x+55°=180°$ より，
$\angle x=125°$
(2) 図に 70°の対頂角をかき入れると，平行線の同位角は等しいから，

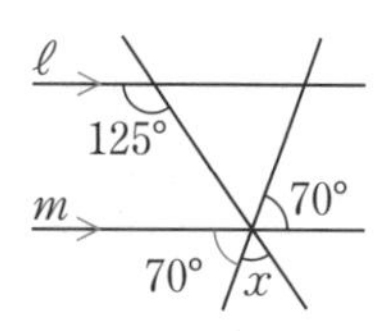

$\angle x+70°=125°$
これを解いて，$\angle x=55°$
(3) 折れ線の頂点を通り，直線 ℓ, m に平行な直線をひいて考えます。

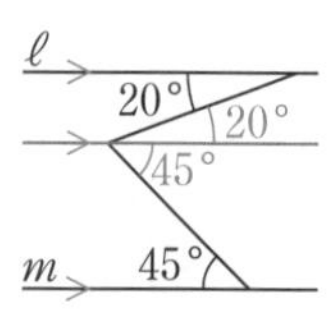

$\angle x=20°+45°$
$=65°$
(4) (3) と同様，45°の角と $\angle x$ の頂点を通り，直線 ℓ，m に平行な直線をひいて考えます。

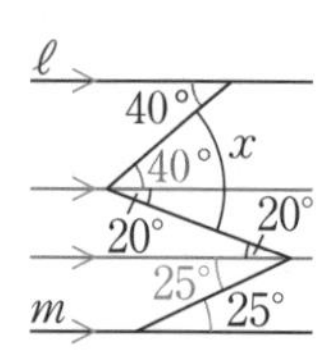

(5) 平行線の錯角の性質を使うと，●2 つと ×2 つの和は 180°になるから，●1 つと ×1 つの和は 90°です。

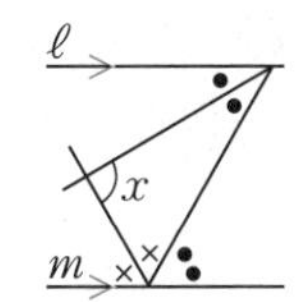

(6) 三角形の内角の和は 180°だから，

$\angle x+(180°-115°)+(180°-105°)=180°$

これを解いて，$\angle x=40°$

(7) 2 つの三角形に共通な外角に着目すると，

$\angle x+90°=30°+80°$より，

$\angle x=20°$

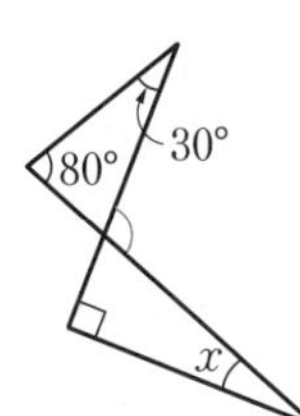

(8) 三角形の内角の和は 180°だから，●2 つと×2 つの和は，$180°-64°=116°$

だから，●1つと×1つの和は，

$116°\div2=58°$

$\angle x=180°-58°$

$=122°$

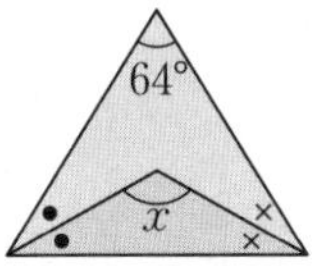

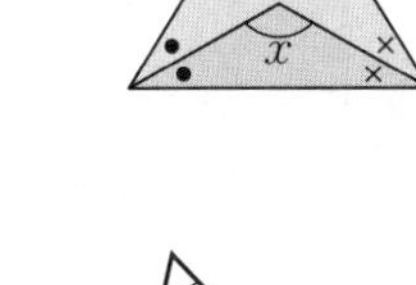

(9) 右の図のように補助線をひき，それぞれの角に記号をつけます。三角形の内角の和は 180°だから，

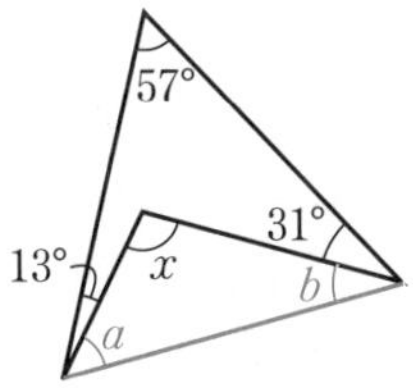

$\angle x+\angle a+\angle b=180°$

$57°+13°+31°+\angle a+\angle b=180°$

$\angle x=57°+13°+31°$

$=101°$

❷ (1) $360°\div16=22.5°$

(2) $180°\times(20-2)=3240°$

(3) $360°\div45°=8$ ➡ 正八角形

(4) $180°\times(n-2)=1800°$を解いて，$n=12$

❸ (1) $360°\div5=72°$

(2) $180°-72°=108°$

(3) 右の図のように，ED を延長し，$\angle x$ の同位角を考えると，

$\angle x+24°=72°$より，

$\angle x=48°$

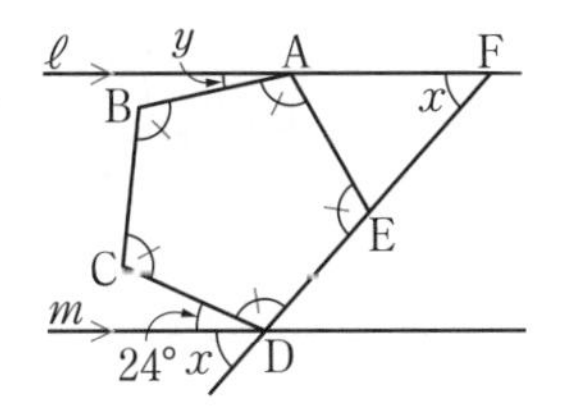

(4) $\angle EAF=180°-(72°+48°)=60°$

$\angle y=180°-(60°+108°)=12°$

❹ 三角形の内角の和は，180°なので，㋑，㋒，㋓の残りの角は，それぞれ，50°，60°，60°です。

㋐～㋔の三角形の底辺を 4cm として移動すると，次のようになります。

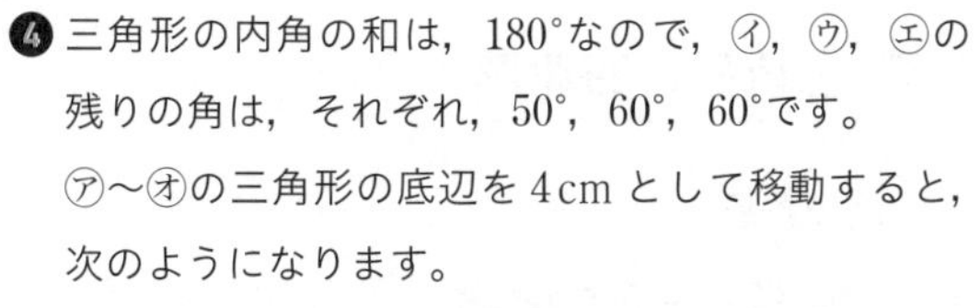

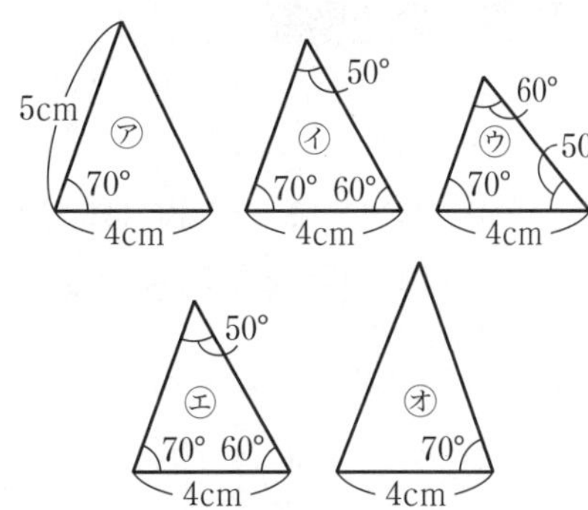

㋑と㋓は，1 辺の長さが 4cm で等しく，その両端の角が，70°，60°で等しいから，1 組の辺とその両端の角がそれぞれ等しいので，合同です。

❺「～ならば，…である」の形式の文では，～の部分が仮定，…の部分が結論です。

(1)(2)「△ABC で」は書く必要はありません。

❻ (1) OM が AB の垂直二等分線であることは，MA＝MB，OM⊥AB で表されます。

(3) 合同の証明では，合同条件をかならず書きます。

▶ 本文 p.43-44

5章 三角形と四角形

1節 三角形

p.43-44 Step 2

❶ (1) $\angle x=74°$ (2) $\angle x=69°$
(3) $\angle x=107°$

解き方 (1) AB＝AC だから，△ABC は二等辺三角形です。二等辺三角形の底角は等しいから，
$\angle ACB=\angle ABC=53°$
$\angle x=180°-(53°+53°)=74°$
(2) CA＝CB だから，△ABC は二等辺三角形です。二等辺三角形の底角は等しいから，
$\angle CBA=\angle CAB=\angle x$
三角形の内角の和は 180°だから，
$42°+\angle x+\angle x=180°$
$\angle x=(180°-42°)\div 2=69°$
(3) AB＝AC だから，△ABC は二等辺三角形です。二等辺三角形の底角は等しいから，
$\angle ACB=\angle ABC$
$\angle ACB=(180°-34°)\div 2=73°$
$\angle x=180°-73°=107°$

❷ (例) △DBC と △ECB で，
仮定より，　BD＝CE ……①
BC は共通だから，　BC＝CB ……②
二等辺三角形の底角は等しいので，
∠DBC＝∠ECB ……③
①，②，③ から，2 組の辺とその間の角がそれぞれ等しいので，
△DBC≡△ECB

解き方 二等辺三角形の底角は等しいことに注目して証明しましょう。
三角形の合同条件
次のどれか 1 つが成り立てば合同である。
① 3 組の辺がそれぞれ等しい。
② 2 組の辺とその間の角がそれぞれ等しい。
③ 1 組の辺とその両端の角がそれぞれ等しい。
また，記号は対応する頂点の順に書きます。

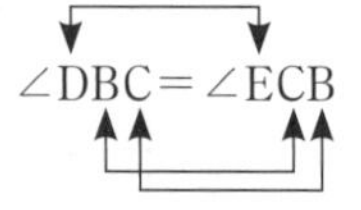

❸ (例) △ABP と △ACQ で，
仮定より，　AB＝AC ……①
BP＝CQ ……②
二等辺三角形の底角は等しいので，
∠ABP＝∠ACQ ……③
①，②，③ から，2 組の辺とその間の角がそれぞれ等しいので，
△ABP≡△ACQ
合同な三角形の対応する辺だから，
AP＝AQ
2 つの辺が等しいので，△APQ は二等辺三角形である。

解き方 二等辺三角形であることを示すために，2 つの辺が等しいことを示します。2 つの辺が等しいことを示すには，合同な三角形に着目するとよいです。

❹ (1) 逆 $ab>0$ ならば，$a>0$，$b>0$ である。
正誤(反例) 正しくない。
反例は $a=-2$，$b=-3$
(2) 逆 △ABC の 3 つの内角の大きさが等しいならば，△ABC は正三角形である。
正誤(反例) 正しい。
(3) 逆 n^2 が 4 の倍数ならば，n は 4 の倍数である。
正誤(反例) 正しくない。反例は $n=2$

解き方 仮定と結論を入れかえて逆をつくります。あることがらが正しくないことを説明するには，反例を 1 つ示します。仮定にあてはまっていて，結論が成り立たない場合の例を示していれば，解答以外の反例を示していてもよいです。
(1) 例えば，$ab=6$ のとき，$ab>0$ ですが，このような a，b には，$a=-2$，$b=-3$ のように，$a<0$，$b<0$ となるものもあります。
(3) 例えば，$n=2$ のとき，n^2 は 4 の倍数になりますが，n は 4 の倍数ではありません。

❺ (1) (例) △ABE と △CAD で,

仮定より, AE＝CD ……①

△ABC は正三角形だから,

AB＝CA ……②

∠BAE＝∠ACD＝60° ……③

①, ②, ③ から, 2 組の辺とその間の角がそれぞれ等しいので,

△ABE≡△CAD

(2) 120°

解き方 (2)(1) より, △ABE≡△CAD だから,

∠ABE＝∠CAD ……①

△ABE の内角の和より,

∠ABE＋∠AEB＋∠BAE＝180°

∠BAE＝60°だから,

∠ABE＋∠AEB＝120° ……②

①, ② と, 三角形の 1 つの外角は, それととなり合わない 2 つの内角の和に等しいことから,

∠APB＝∠CAD＋∠AEB

＝∠ABE＋∠AEB

＝120°

❻ (例) △ABC と △DCB で,

仮定より, ∠BAC＝∠CDB＝90° ……①

EB＝EC から, 二等辺三角形 EBC の底角は等しいので,

∠ACB＝∠DBC ……②

BC は共通だから, BC＝CB ……③

①, ②, ③ から, 直角三角形の斜辺と 1 鋭角が, それぞれ等しいので,

△ABC≡△DCB

合同な三角形の対応する辺だから,

AC＝DB

解き方 AC＝DB を証明するので, AC や DB を辺にもつ 2 つの直角三角形に着目します。

△ABC≡△DCB を示すときに, 結論である AC＝DB を仮定として使うことはできないことに注意します。

2 節 四角形　3 節 三角形や四角形の性質の利用

p.46-47 Step 2

❶ (1) ∠DCA　(2) ∠DAC　(3) CA

(4) 1 組の辺とその両端の角がそれぞれ等しい

(5) ∠CDA　(6) △CDB　(7) ∠DCB

(8) 2 組の対角はそれぞれ等しい。

解き方 対応する図形の関係に気をつけて, 辺や角を書きます。

(3) 図形の対応関係から, CA と書きます。

(6) B と D を結んで考えます。平行線の性質が使えます。

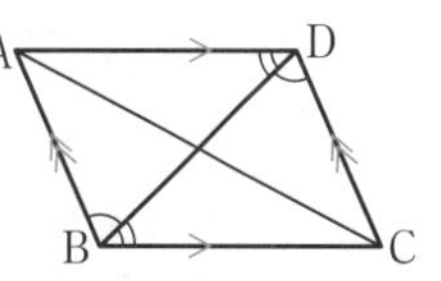

三角形の合同条件

次のどれか 1 つが成り立てば合同である。

① 3 組の辺がそれぞれ等しい。

② 2 組の辺とその間の角がそれぞれ等しい。

③ 1 組の辺とその両端の角がそれぞれ等しい。

また, 記号は対応する頂点の順に書きます。

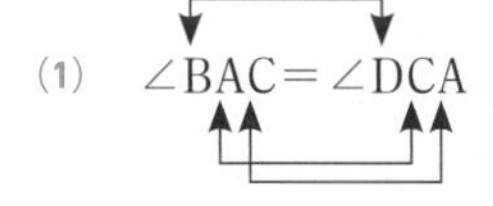

❷ (1) $x=65$　$y=115$　(2) $x=4$　$y=6$

解き方 (1) 平行四辺形で対角は等しいから $\angle x=65°$

また, となり合う角との和は 180°であるから,

$\angle y+65°=180°$ より, $\angle y=115°$

(2) 平行四辺形で対辺は等しいから $x=4$

また, 2 つの対角線はそれぞれの中点で交わるから,

$y=3\times2=6$

❸ ㋐, ㋒

解き方 四角形は, 次の各場合に平行四辺形です。

四角形が平行四辺形であるための条件

次のどれか 1 つが成り立てば平行四辺形である。

①2 組の対辺がそれぞれ平行である。

②2 組の対辺がそれぞれ等しい。

③2 組の対角がそれぞれ等しい。

④2 つの対角線がそれぞれの中点で交わる。

⑤1 組の対辺が平行で等しい。

㋐AB＝CD, BC＝DA より, 2 組の対辺がそれぞれ等しいので, 平行四辺形であるといえます。

▶ 本文 p.46-47

㋑2組の対角は，∠Aと∠C，∠Bと∠Dです。
∠A＝60°，∠C＝120°より，∠Aと∠Cは等しくなく，∠B＝120°，∠D＝60°より，∠Bと∠Dは等しくないので，平行四辺形であるとはいえません。
㋒図のように，辺ADをDの方に延長した直線上に点Eをとります。

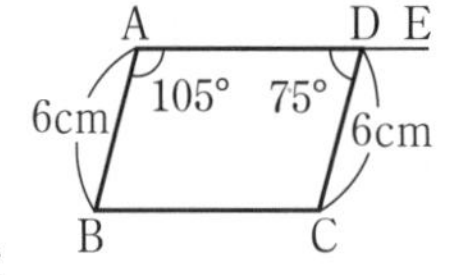

∠D＝75°より，
∠CDE＝180°－75°＝105°
∠A＝105°より，∠A＝∠CDE
よって，同位角が等しいので，AB∥DC ……①
また，仮定より，AB＝CD ……②
①，②から，1組の対辺が，等しくて平行であるので，四角形ABCDは平行四辺形です。

注意問題の条件が平行四辺形になる条件の形でなくても，平行四辺形であるといえることもあります。

❹ (1) ひし形　(2) 長方形　(3) 正方形

解き方 (3) ひし形と長方形の性質を合わせもつ四角形になります。
長方形，ひし形，正方形の定義は以下のとおりです。
長方形：4つの角が等しい四角形
ひし形：4つの辺が等しい四角形
正方形：4つの角が等しく，
4つの辺が等しい四角形

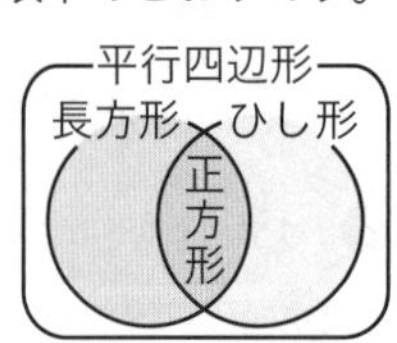

❺ (例) △ADEと△CDFで，
仮定から，　AE＝CF ……①
∠AED＝∠CFD＝90° ……②
共通な角だから，　∠ADE＝∠CDF ……③
②，③から，　∠DAE＝∠DCF ……④
①，②，④から，1組の辺とその両端の角がそれぞれ等しいので，△ADE≡△CDF
合同な三角形の対応する辺だから，
AD＝CD ……⑤
▱ABCDの対辺だから，
AD＝BC ……⑥，AB＝CD ……⑦
⑤，⑥，⑦から，AB＝BC＝CD＝AD
4つの辺が等しいから，四角形ABCDはひし形である。

解き方 平行四辺形で，となり合う辺が等しければ，すべての辺が等しくなるので，ひし形です。

❻ △ABE，△DBC

解き方 四角形DBEFを，△DBEと△DEFに分けて考えます。DE∥ACより，△DEF＝△DAE，
△DEF＝△DCEとなるから，
四角形DBEF＝△DBE＋△DAE＝△ABE

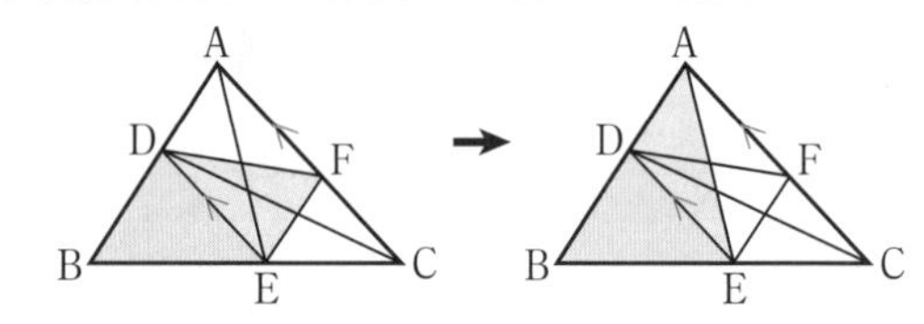

四角形DBEF＝△DBE＋△DCE＝△DBC

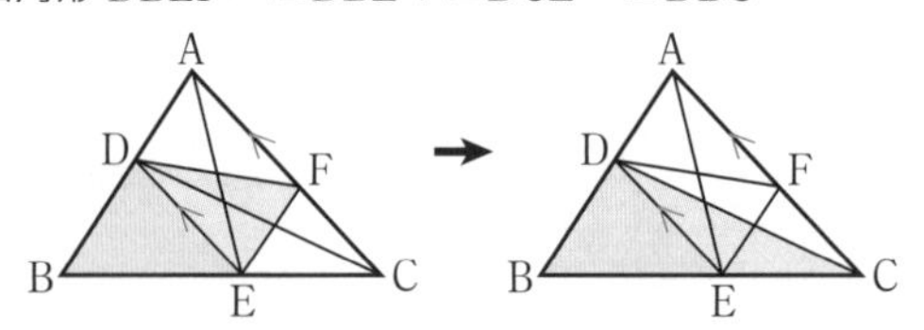

❼ (例) テープの幅は一定なので，
AB∥FC ……①，BC∥AF ……②
①，②から，2組の対辺がそれぞれ平行なので，四角形ABCFは平行四辺形である。
また，正五角形ABCDEの辺から，AB＝BC
平行四辺形の対辺は等しいので，
AB＝BC＝CF＝FA
よって，4つの辺が等しいから，四角形ABCFはひし形である。

解き方 正五角形の5つの辺はみな長さが等しいことを利用します。テープの幅が一定ということは，テープの線は平行です。

別解 AB＝BCは，次の方法でも証明できます。
四角形ABCFで，BからAF，CFにそれぞれ垂線BP，BQをひく。
△BPAと△BQCで，
仮定から，
∠BPA＝∠BQC ……①
平行四辺形の対角だから，
∠BAP＝∠BCQ ……②
①，②から，三角形の内角の和は180°で一定であるから，　∠ABP＝∠CBQ ……③
テープの幅は一定だから，　BP＝BQ ……④
①，③，④から，1組の辺とその両端の角がそれぞれ等しいので，△BPA≡△BQC
合同な三角形の対応する辺だから，AB＝BC

▶ 本文 p.48-49

p.48-49　Step 3

❶ (1) 69°　(2) 75°

❷ (例)CB の延長線上に点 D をとる。
仮定から，　∠ABE＝∠EBD ……①
EA∥DC だから，　∠AEB＝∠EBD ……②
①，② から，∠ABE＝∠AEB
2 つの角が等しいので，△ABE は二等辺三角形である。よって，AB＝AE

❸ (例)△ABD と △CAE で，
仮定から，　AB＝CA ……①
∠ADB＝∠CEA＝90° ……②
△ACE で，1 つの外角は，それととなり合わない 2 つの内角の和に等しいから，
∠CAB＋∠BAD＝∠CEA＋∠ACE
仮定から，∠CAB＝∠CEA＝90°
よって，∠BAD＝∠ACE　……③
①，②，③ から，斜辺と 1 鋭角がそれぞれ等しい直角三角形なので，△ABD≡△CAE
合同な三角形の対応する辺だから，
BD＝AE，AD＝CE

❹ 128°

❺ (例)△AEO と △CFO で，
AB∥DC より，　∠OAE＝∠OCF ……①
対頂角は等しいから，∠AOE＝∠COF ……②
▱ABCD の対角線だから，　AO＝CO ……③
①，②，③ から，1 組の辺とその両端の角がそれぞれ等しいので，△AEO≡△CFO
合同な三角形の対応する辺だから，
EO＝FO ……④
③，④ から，2 つの対角線がそれぞれの中点で交わるので，四角形 AECF は平行四辺形。

❻ (1) 長方形　(2) ひし形

❼ △ABE：台形 AECD＝4：5

解き方

❶ (1) AB＝AC より，∠ACB＝∠ABC＝∠x
△ABCで，外角は，これととなり合わない 2 つの内角の和に等しいので，
138°＝∠ABC＋∠ACB＝∠x＋∠x＝2∠x
∠x＝138°÷2＝69°

(2) AB＝AC より，
∠ACB＝∠CAD÷2＝60°÷2＝30°
△CAD の内角の和は 180°なので，
∠ACD＝180°－60°－75°＝45°
∠x＝∠ACB＋∠ACD＝30°＋45°＝75°

❷ ∠ABE＝∠AEB を示します。

❸ ∠BAD＝∠ACE はすぐに導けません。△ACE で，1 つの外角は，それととなり合わない 2 つの内角の和に等しいから，
90°＋∠ACE＝90°＋∠BAD
が成り立ちます。よって，
∠BAD＝∠ACE

❹ 辺 DA を延長して，点 F をとります。

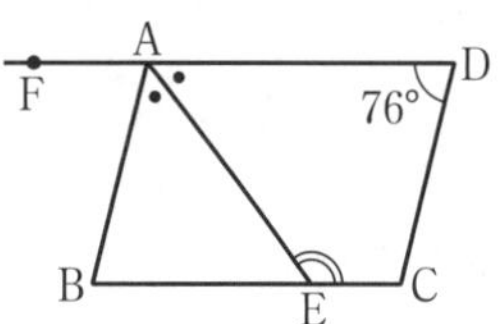

AB∥DC だから，
∠FAB＝76°
∠BAD＝180°－76°＝104°
∠BAE＝104°÷2＝52°
AD∥BC だから，
∠AEC＝∠FAE＝76°＋52°＝128°

❺ ▱ABCD から，AO＝CO はすぐにわかるので，EO＝FO を示せばよいです。

❻ (1) 2 つの対角線がそれぞれの中点で交わるので，四角形 ABCD は平行四辺形です。
また，OA＋OC＝OB＋OD が成り立ち，対角線の長さが等しいので，長方形です。
(2) 2 組の対角がそれぞれ等しいので，四角形 ABCD は平行四辺形です。
また，AC⊥BD より，対角線が垂直に交わるので，ひし形です。

❼ 点 D と点 E を結びます。△ABE，△AED，△DEC は，底辺をそれぞれ，BE，AD，EC とすると，AD∥BC なので，高さが等しいです。

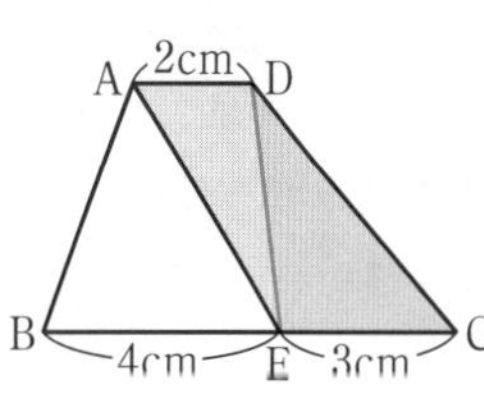

よって，面積の比は，底辺の比と等しくなります。
△ABE：△AED：△DEC＝4：2：3
△ABE：台形 AECD＝△ABE：(△AED＋△DEC)
＝4：(2＋3)
＝4：5

6章 データの比較と箱ひげ図

1節 箱ひげ図　2節 箱ひげ図の利用

p.51 Step 2

❶ (1) 第1四分位数 2時間，第2四分位数 4時間，
第3四分位数 7時間

(2) 5時間　(3) (下の図)

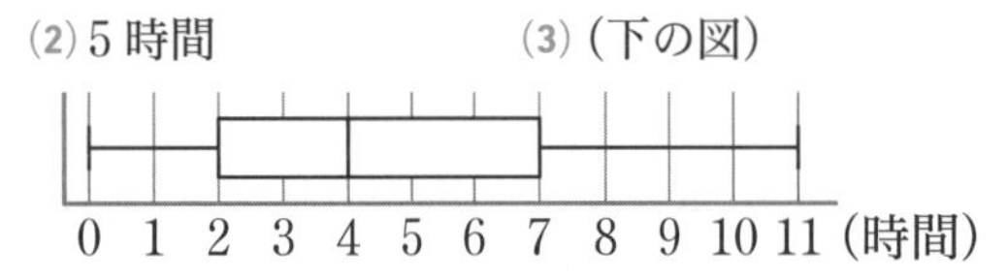

解き方 (1) データの数が偶数だから，19番目と20番目の平均値が中央値(第2四分位数)です。19番目の値は4，20番目の値も4なので，中央値は4時間です。第1四分位数は前半のデータの中央値のことで，10番目の値なので2時間，第3四分位数は後半のデータの中央値のことで，29番目の値なので7時間です。

(2) (四分位範囲)＝(第3四分位数)－(第1四分位数)
＝7－2＝5(時間)

(3) 箱ひげ図は，四分位数，最小値，最大値をもとにしてかきます。

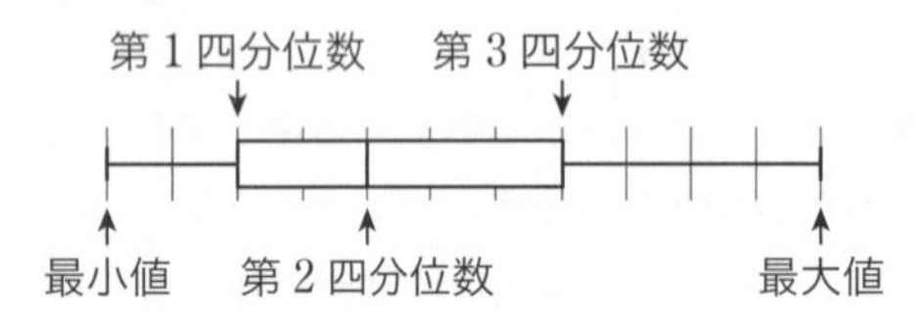

❷ (1) 2組，1組，3組　(2) 1組，3組，2組
(3) 3組　(4) ㋑

解き方 (1) 箱ひげ図の箱の中にある縦の線が中央値(第2四分位数)です。

(2) (範囲)＝(最大値)－(最小値)です。この値が大きい順に並べかえます。

(3) (四分位範囲)＝(第3四分位数)－(第1四分位数)で求められ，箱ひげ図の箱の幅の長さを表します。この値がいちばん大きいのは3組です。

(4) ㋐中央値を比べます。1組は5点，2組は6点，3組は4点なので，5点未満の生徒の数がいちばん多いのは2組ではありません。よって，間違いです。
㋑3組の中央値は4点なので，4点以上の生徒は半分以上います。よって，正しいです。

p.52-53 Step 3

❶ (1) 6.5時間

(2) 第1四分位数 3.5時間
第3四分位数 10.5時間

(3) 7時間　(4) (下の図)

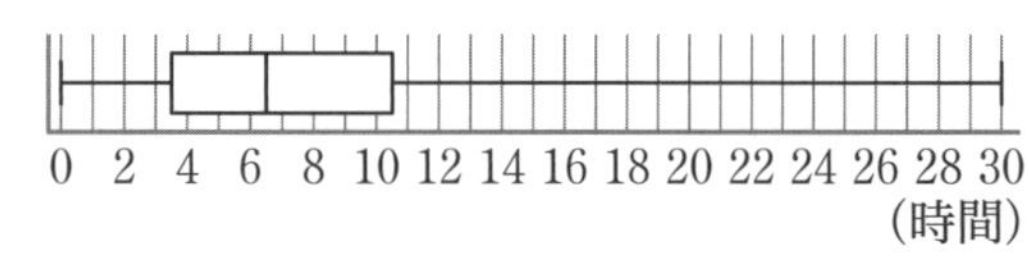

❷ (1) B　(2) C，A，B　(3) C　(4) ㋑

解き方

❶ (1)(2) データの値を小さい順に並べかえると

0 0 0 1 1 2 2 2 3 3 4 4 4 4 4
5 5 5 6 6 7 8 8 8 8 8 8 9 9 10
11 12 14 14 15 16 18 18 24 30

となります。データの数が偶数だから，20番目と21番目の平均値が第2四分位数です。20番目の値は6，21番目の値は7なので，第2四分位数は $\frac{6+7}{2}$ ＝6.5(時間)です。第1四分位数は前半のデータの中央値のことで，10番目と11番目の平均値，第3四分位数は後半のデータの中央値のことで，30番目と31番目の平均値です。

(3) (四分位範囲)＝(第3四分位数)－(第1四分位数)
＝10.5－3.5＝7(時間)

❷ (1) 箱ひげ図の箱の中にある縦の線が中央値(第2四分位数)です。

(2) 四分位範囲は，箱ひげ図の箱の幅の長さを表します。

(3) (範囲)＝(最大値)－(最小値)で求められます。この値がいちばん大きいのはCです。

(4) ㋐Cだけ中央値が7.8秒以上の位置にあるので，7.8秒未満の生徒の数がいちばん多いのはCではありません。よって，間違いです。
㋑Bの中央値は7.6秒の位置にあるので，7.6秒以上の生徒は半分以上います。よって，正しいです。
㋒箱ひげ図からは，7.6秒未満の生徒の数が同じかどうかは判断できません。

▶ 本文 p.55

7章 確率

1節 確率　2節 確率の利用

p.55　Step 2

❶ $\frac{4}{5}$

解き方 あることがらの起こる確率が p であるとき，あることがらが起こらない確率は $1-p$ となります。
ここでは，「はずれくじを引く」ということを「当たりくじを引かない」ことと考えればよいです。
当たりくじを引く確率が $\frac{1}{5}$ なので，
(はずれくじを引く確率)
＝(当たりくじを引かない確率)
＝1－(当たりくじを引く確率)
$=1-\frac{1}{5}$
$=\frac{4}{5}$

❷ (1) $\frac{1}{2}$　(2) $\frac{3}{10}$　(3) $\frac{2}{5}$

解き方 (1) 1から10までの整数で，奇数は，1，3，5，7，9の5つあるから，奇数のカードを取り出す確率は，$\frac{5}{10}=\frac{1}{2}$ です。
(2) 1から10までの整数で，3の倍数は，3，6，9の3つあるから，3の倍数のカードを取り出す確率は，
$\frac{3}{10}$ です。
(3) 1から10までの整数で，素数は，2，3，5，7の4つあるから，素数のカードを取り出す確率は，
$\frac{4}{10}=\frac{2}{5}$ です。

確認素数
1とその数のほかに約数がない数をいい，1は素数に含まれません。

❸ (1) 1回目 2回目 3回目　1回目 2回目 3回目

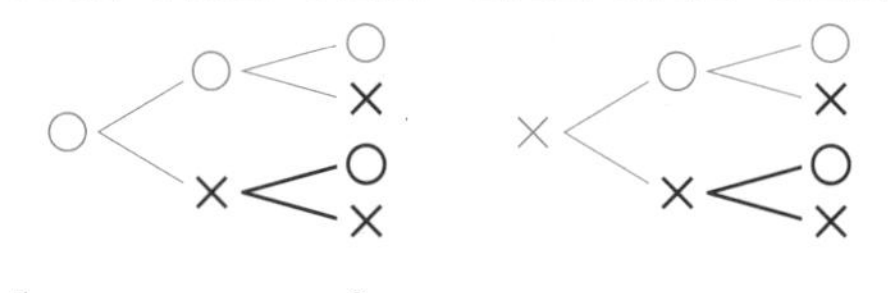

(2) $\frac{1}{8}$　(3) $\frac{3}{8}$

解き方 (1) 左端の○，×を除くと，全く同じ図になることに注意します。
(2) 表，裏の出方は，全部で8通りあります。
3回とも裏になるのは1通りです。

1回目 2回目 3回目　1回目 2回目 3回目

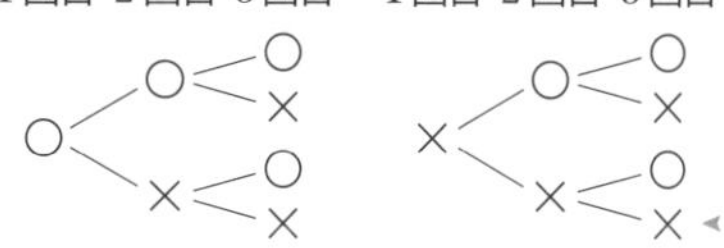

(3) 表が2回出るのは，○○×，○×○，×○○の3通りです。

1回目 2回目 3回目　1回目 2回目 3回目

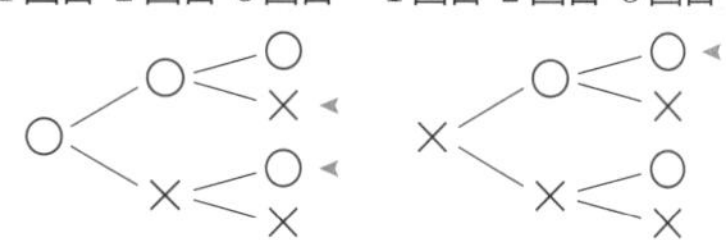

❹ (1) $\frac{1}{9}$　(2) $\frac{1}{12}$　(3) $\frac{1}{4}$

解き方 起こり得るすべての場合は全部で，36通りです。
(1) 目の和が5になるのは，右の表の色アミの部分で4通りあるから，その確率は，
$\frac{4}{36}=\frac{1}{9}$
です。

小＼大	⚀	⚁	⚂	⚃	⚄	⚅
⚀	2	3	4	5	6	7
⚁	3	4	5	6	7	8
⚂	4	5	6	7	8	9
⚃	5	6	7	8	9	10
⚄	6	7	8	9	10	11
⚅	7	8	9	10	11	12

(2) 目の和が3以下になるのは，右の表の色アミの部分で3通りあるから，その確率は，
$\frac{3}{36}=\frac{1}{12}$
です。

小＼大	⚀	⚁	⚂	⚃	⚄	⚅
⚀	2	3	4	5	6	7
⚁	3	4	5	6	7	8
⚂	4	5	6	7	8	9
⚃	5	6	7	8	9	10
⚄	6	7	8	9	10	11
⚅	7	8	9	10	11	12

(3) 4の倍数は，4，8，12です。目の和が4，8，12になるのは，下の表の色アミの部分で，それぞれ3通り，5通り，1通りあるから，その確率は，
$\frac{3+5+1}{36}=\frac{9}{36}=\frac{1}{4}$
です。

小＼大	⚀	⚁	⚂	⚃	⚄	⚅
⚀	2	3	4	5	6	7
⚁	3	4	5	6	7	8
⚂	4	5	6	7	8	9
⚃	5	6	7	8	9	10
⚄	6	7	8	9	10	11
⚅	7	8	9	10	11	12

p.56 Step 3

❶ (1) $\frac{1}{8}$　(2) $\frac{3}{8}$

❷ (1) $\frac{1}{2}$　(2) $\frac{1}{3}$　(3) $\frac{1}{6}$

❸ (1) 30 通り　(2) $\frac{2}{5}$　(3) $\frac{3}{5}$

❹ (1) $\frac{3}{10}$　(2) $\frac{3}{5}$　(3) $\frac{3}{10}$

解き方

❶ (1) 表を○，裏を×として樹形図をかくと，表裏の出方は全部で 8 通りです。

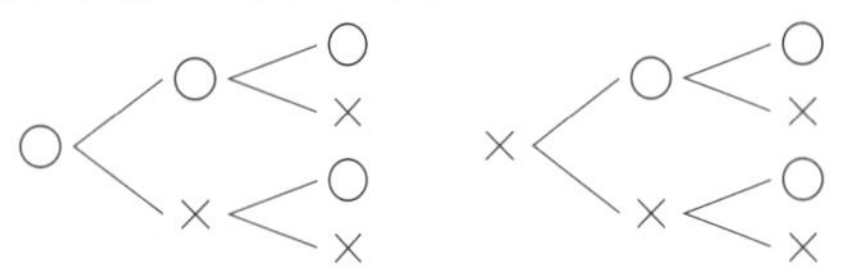

3 枚とも表が出るのは，○－○－○の 1 通りです。

求める確率は，$\frac{1}{8}$ です。

(2) 1 枚が表で，2 枚が裏が出るのは，○－×－×，×－○－×，×－×－○の 3 通りです。求める確率は，$\frac{3}{8}$ です。

❷ 1 枚ずつ取り出し，1 枚目を十の位の数，2 枚目を一の位の数にして 2 けたの整数をつくると，できる整数は，樹形図から，全部で 12 通りです。

1 枚目	2 枚目	できた整数
1	2	12
	3	13
	4	14
2	1	21
	3	23
	4	24
3	1	31
	2	32
	4	34
4	1	41
	2	42
	3	43

(1) 偶数は，12，14，24，32，34，42 の 6 通りです。

よって，求める確率は，$\frac{6}{12}=\frac{1}{2}$ です。

(2) 3 の倍数は，12，21，24，42 の 4 通りです。

よって，求める確率は，$\frac{4}{12}=\frac{1}{3}$ です。

(3) 十の位の数が，一の位の数より 2 大きくなるのは，31，42 の 2 通りです。

よって，求める確率は，$\frac{2}{12}=\frac{1}{6}$ です。

❸ (1) 当たりくじを ①，②，はずれくじを 3，4，5，6 で表すと，樹形図は次のようになり，A，B の 2 人のくじの引き方は全部で 30 通りです。

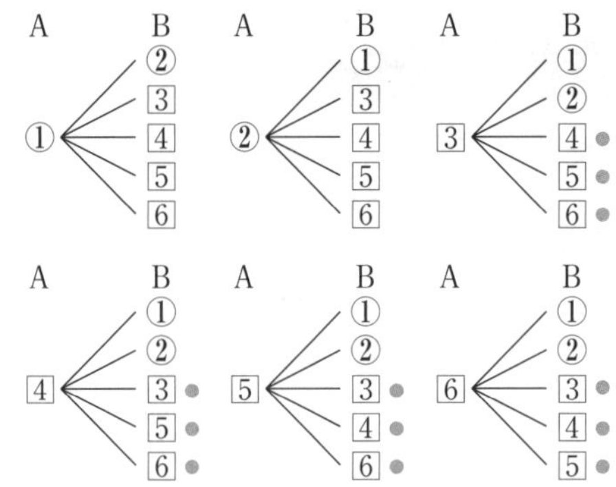

(2) (1) の樹形図で 2 人ともはずれるのは，●をつけた 12 通りです。

よって，求める確率は，$\frac{12}{30}=\frac{2}{5}$ です。

(3) あることがらの起こる確率が p であるとき，あることがらが起こらない確率は $1-p$ となります。

「どちらかが当たる」ということを「2 人ともはずれない」ことと考えればよいです。

(どちらかが当たる確率)

＝(2 人ともはずれない確率)

＝1－(2 人ともはずれる確率)

$=1-\frac{2}{5}$

$=\frac{3}{5}$

❹ 赤玉を赤$_1$，赤$_2$，赤$_3$，白玉を白$_1$，白$_2$ とします。

(1) 2 個の組み合わせは，下の表より，10 通りです。

両方とも赤玉であるのは 3 通りだから，求める確率は，$\frac{3}{10}$ です。

	赤$_1$	赤$_2$	赤$_3$	白$_1$	白$_2$
赤$_1$		○	○	○	○
赤$_2$			○	○	○
赤$_3$				○	○
白$_1$					○
白$_2$					

(2) 赤玉 1 個と白玉 1 個の組み合わせは 6 通りだから，求める確率は，$\frac{6}{10}=\frac{3}{5}$ です。

(3) 2 回続けて取り出すとき，順番も考えた組み合わせは，右の表より，20 通りです。赤玉→白玉の順になるのは 6 通りだから，求める確率は，$\frac{6}{20}=\frac{3}{10}$ です。

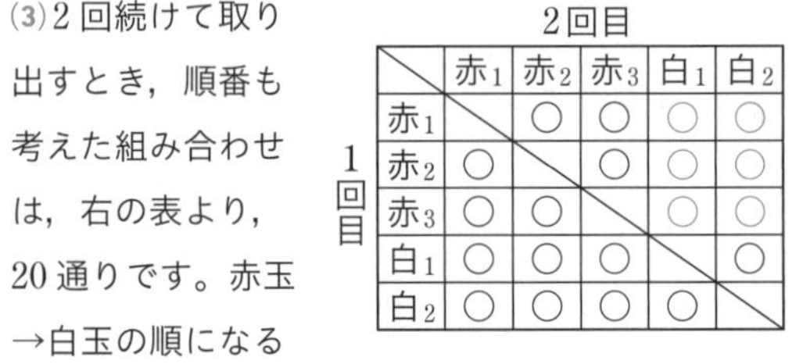

2 回目

1 回目	赤$_1$	赤$_2$	赤$_3$	白$_1$	白$_2$
赤$_1$		○	○	○	○
赤$_2$	○		○	○	○
赤$_3$	○	○		○	○
白$_1$	○	○	○		○
白$_2$	○	○	○	○	

テスト前 ☑ やることチェック表

① まずはテストの目標をたてよう。頑張ったら達成できそうなちょっと上のレベルを目指そう。
② 次にやることを書こう（「ズバリ英語〇ページ，数学〇ページ」など）。
③ やり終えたら□に✔を入れよう。
最初に完ぺきな計画をたてる必要はなく，まずは数日分の計画をつくって，
その後追加・修正していっても良いね。

目標

	日付	やること 1	やること 2
2週間前	/	□	□
	/	□	□
	/	□	□
	/	□	□
	/	□	□
	/	□	□
	/	□	□
1週間前	/	□	□
	/	□	□
	/	□	□
	/	□	□
	/	□	□
	/	□	□
	/	□	□
テスト期間	/	□	□
	/	□	□
	/	□	□
	/	□	□
	/	□	□

QRコードのページに登録すると，「ぴたリンク」からも表をダウンロードできるよ

① まずはテストの目標をたてよう。頑張ったら達成できそうなちょっと上のレベルを目指そう。
② 次にやることを書こう（「ズバリ英語〇ページ，数学〇ページ」など）。
③ やり終えたら□に✓を入れよう。
最初に完ぺきな計画をたてる必要はなく，まずは数日分の計画をつくって，
その後追加・修正していっても良いね。

目標

	日付	やること 1	やること 2
2週間前	／	□	□
	／	□	□
	／	□	□
	／	□	□
	／	□	□
	／	□	□
	／	□	□
1週間前	／	□	□
	／	□	□
	／	□	□
	／	□	□
	／	□	□
	／	□	□
	／	□	□
テスト期間	／	□	□
	／	□	□
	／	□	□
	／	□	□
	／	□	□

キリトリ線

QRコードのページに登録すると，「ぴたリンク」からも表をダウンロードできるよ

チェックBOOK

- テストにズバリよくでる!
- 用語・公式や例題を掲載!

数学

大日本図書版

2年

教 p.14〜28

1 単項式と多項式

□項(こう)が 1 つだけの式を 単項式 という。

□項が 2 つ以上ある式を 多項式 という。

2 重要 多項式の加法，減法

□同類項(どうるいこう)は，分配法則 $ac+bc=$ $(a+b)c$ を使って 1 つの項にまとめることができる。

|例| $(2a+3b)+(3a-2b)=2a+3b+3a-2b$

$=2a+3a+3b-2b$

$=(2+$ 3 $)a+(3-$ 2 $)b$

$=$ $5a+b$

3 単項式と単項式との乗法，単項式を単項式でわる除法

□単項式(たんこうしき)と単項式との乗法を行うには，係数の積と 文字の積 をそれぞれ求めて，それらをかければよい。

|例| $2x\times(-5y)=2\times$ (-5) $\times x\times y$

$=$ $-10xy$

□単項式を単項式でわるには，式を 分数 の形で表すか， 乗法 になおして計算すればよい。係数どうし，文字どうしで約分できる場合は約分する。

4 多項式と数との計算

□多項式と数との乗法では，分配法則を使って計算すればよい。

$a(b+c)=$ $ab+ac$　　$(a+b)c=$ $ac+bc$

教 p.29～35

1 連続する整数

□連続する 3 つの整数のうち，最も小さい整数を n とすると，連続する 3 つの整数は，n，$\boxed{n+1}$，$\boxed{n+2}$ と表せる。

2 偶数と奇数

□m を整数とすると，偶数(ぐうすう)は $\boxed{2m}$ と表せる。

□n を整数とすると，奇数(きすう)は $\boxed{2n+1}$ と表せる。

3 2 桁の自然数

□2 桁(けた)の自然数は，十の位の数を x，一の位の数を y とすると，$\boxed{10x+y}$ と表せる。

4 重要 等式の変形

□$x+y=6$ を $x=6-y$ のように，初めの式を変形して x の値(あたい)を求める式を導くことを，$\boxed{x\text{について解く}}$ という。

例 $2x=3y+4$ を x について解くと，

両辺を $\boxed{2}$ でわって，$x=\boxed{\frac{3}{2}y+2}\left(\frac{3y+4}{2}\right)$

また，$2x=3y+4$ を y について解くと，

両辺を入れかえて，　$3y+4=2x$

$\boxed{4}$ を移項(いこう)して，　$3y=2x-\boxed{4}$

両辺を $\boxed{3}$ でわって，　$y=\boxed{\frac{2x-4}{3}}$

2章 連立方程式

1節 連立方程式
2節 連立方程式の解き方

教 p.42〜51

1 重要 加減法

□x と y についての連立方程式(れんりつほうていしき)から，y をふくまない方程式を導くことを，その連立方程式から y を 消去する という。

□2 つの式の左辺と左辺，右辺と右辺をそれぞれ加えたり，ひいたりして，1 つの文字を消去(しょうきょ)する連立方程式の解き方を 加減法 という。

$$\begin{array}{rl} & A=B \\ +) & C=D \\ \hline & A+C=\boxed{B+D} \end{array} \qquad \begin{array}{rl} & A=B \\ -) & C=D \\ \hline & A-C=\boxed{B-D} \end{array}$$

例 $\begin{cases} 5x+y=7 & \cdots\cdots① \\ 3x-y=1 & \cdots\cdots② \end{cases}$

①と②の両辺をたすと，

$$\begin{array}{rl} & 5x+y=7 \\ +) & 3x-y=1 \\ \hline & 8x \quad =\boxed{8} \\ & x=\boxed{1} \end{array}$$

$x=1$ を ①の x に代入すると，

$5+y=7$

$y=\boxed{2}$

答 $\begin{cases} x=\boxed{1} \\ y=\boxed{2} \end{cases}$

2 代入法

□代入することによって，1 つの文字を消去する連立方程式の解き方を 代入法 という。

教 p.52〜55

1 かっこがある連立方程式

□かっこがある連立方程式は，かっこ をはずして解くことができる。

2 重要 係数が整数でない連立方程式

□係数に小数がある連立方程式は，両辺に 10 や 100 などをかけて，係数を整数になおすと解きやすくなる。

□係数に分数がある連立方程式は，両辺に分母の最小公倍数をかけて 分母をはらう と解きやすくなる。

例
$$\begin{cases} y=-x-1 & \cdots\cdots① \\ \dfrac{x}{2}+\dfrac{y}{3}=-1 & \cdots\cdots② \end{cases}$$

②× 6　$\left(\dfrac{x}{2}+\dfrac{y}{3}\right)\times 6=(-1)\times 6$

$3x+2y=-6$　……③

①と③を連立方程式として解くと，

$3x+2(-x-1)=-6$

$3x-2x-2=-6$

$x=-4$

$x=-4$ を①に代入すると，$y=3$

答 $\begin{cases} x=-4 \\ y=3 \end{cases}$

3 $A=B=C$ の形の方程式

□$A=B=C$ の形の方程式からは，次の 3 通りの連立方程式をつくることが考えられ，どの連立方程式をつくって解いてもよい。

$\begin{cases} A=B \\ A=C \end{cases}$　$\begin{cases} A=B \\ B=C \end{cases}$　$\begin{cases} A=C \\ B=C \end{cases}$

3章 1次関数

教 p.68〜72

1 1次関数

□yがxの関数で，yがxの1次式，つまり，$y=ax+b$(a，bは定数，$a\neq0$)で表されるとき，yはxの 1次関数 であるという。

2 重要 1次関数の変化の割合

□1次関数 $y=ax+b$ では，xの値(あたい)が1ずつ増加すると，対応するyの値は a ずつ増加する。

□xの増加量に対するyの増加量の割合を， 変化の割合 という。

(変化の割合)$=\dfrac{(\boxed{y\text{の増加量}})}{(\boxed{x\text{の増加量}})}$

|例| 1次関数 $y=2x+3$ について，xの値が1から4まで増加するとき，xの増加量は，$4-1=\boxed{3}$

$x=1$ のとき $y=5$，$x=4$ のとき $y=11$ だから，yの増加量は，$11-5=\boxed{6}$

よって，(変化の割合)$=\dfrac{\boxed{6}}{\boxed{3}}=\boxed{2}$

□1次関数 $y=ax+b$ では，xの値がどこからどれだけ増加しても，その変化の割合は一定であり， a に等しい。

(変化の割合)$=\dfrac{(\boxed{y\text{の増加量}})}{(\boxed{x\text{の増加量}})}=\boxed{a}$

|例| 1次関数 $y=2x+3$ の変化の割合は，つねに $\boxed{2}$ です。

3 反比例の関係の変化の割合

□反比例の関係では，変化の割合は 一定ではない 。

教 p.73～77

1 重要 1次関数のグラフ

□1次関数 $y=ax+b$ のグラフは，$y=ax$ のグラフを，y 軸(じく)の正の向きに，[b] だけ [平行移動] させたものである。

□1次関数 $y=ax+b$ のグラフは，傾(かたむ)きが [a]，切片が [b] の直線である。x の値がどこから1増加しても，y の値は変化の割合と同じだけ増加する。

$a>0$ のとき

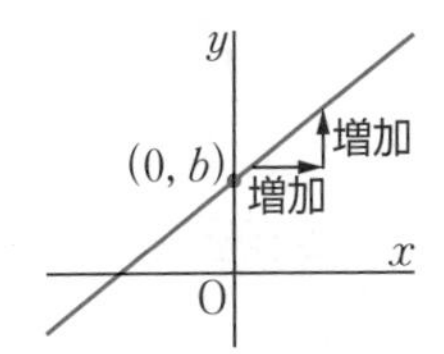

右 [上がり] の直線であり，x の値が増加すると，対応する y の値も増加する。

$a<0$ のとき

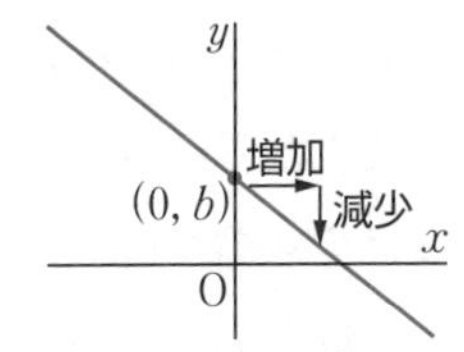

右 [下がり] の直線であり，x の値が増加すると，対応する y の値は減少する。

2 1次関数のグラフのかき方

□1次関数のグラフは，そのグラフ上にあるとわかっている適当な [2点] をとって，その [2点] を通る [直線] をひけばよい。

|例| $y=\frac{3}{2}x-2$ のグラフ

切片は [-2] だから，点A(0, [-2])を通る。傾きが [$\frac{3}{2}$] だから，点Aから，右に2，上に [3] 進んだ点B(2, [1])を通る。2点A，Bを通る直線をひく。

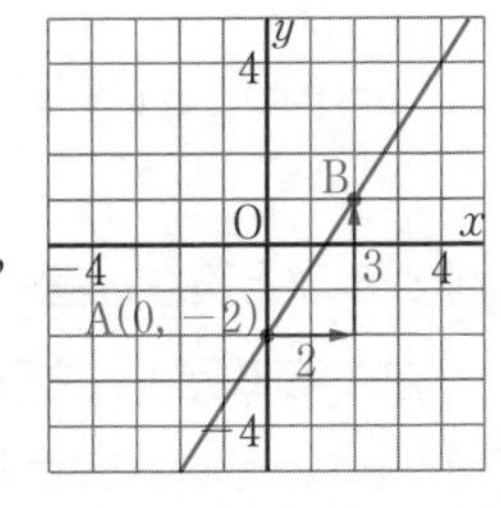

3章 1次関数

1節 1次関数
2節 方程式とグラフ

教 p.78～88

1 重要 1次関数の式の求め方

□直線の 傾き a と 切片 b の値がわかれば，その直線をグラフとする1次関数の式 $y=ax+b$ を求めることができる。

□直線の傾き(かたむ)きと，その直線が通る1点がわかれば，その直線をグラフとする1次関数の式を求めることができる。

→$y=ax+b$ に 傾き a と x 座標，y 座標 の値を代入して，

b の値を求める。

□直線が通る2点がわかれば，その直線をグラフとする1次関数の式を求めることができる。

→❶　2点の座標から，傾き を求めて，切片を求める。

→❷　$y=ax+b$ に2点の座標の値を代入して，a と b についての 連立方程式 をつくり，a と b の値を求める。

2 2元1次方程式とグラフ

□2元1次方程式 $ax+by=c$（a，b，c は定数）のグラフは 直線 である。

□2元1次方程式 $ax+by=c$ のグラフは，次のようになる。

$a=0$ のときは x 軸 に平行な直線である。

$b=0$ のときは y 軸 に平行な直線である。

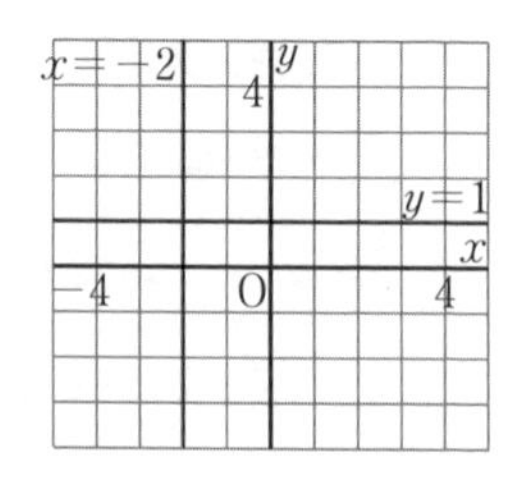

3 グラフと連立方程式

□2つの2元1次方程式のグラフの 交点 の x 座標，y 座標の組は，その2つの方程式を組にした連立方程式の解である。

教 p.100〜103

1 対頂角の性質

□対頂角（たいちょうかく）は 等しい 。

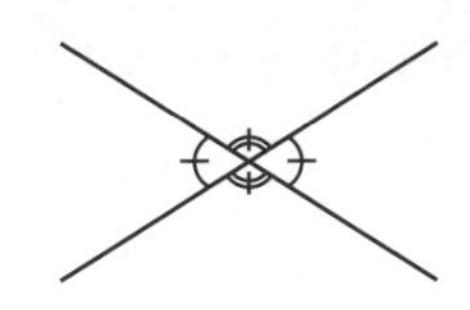

2 重要 平行線の性質

□ 2 直線に 1 つの直線が交わるとき，

1　2 直線が平行ならば，
同位角 は等しい。

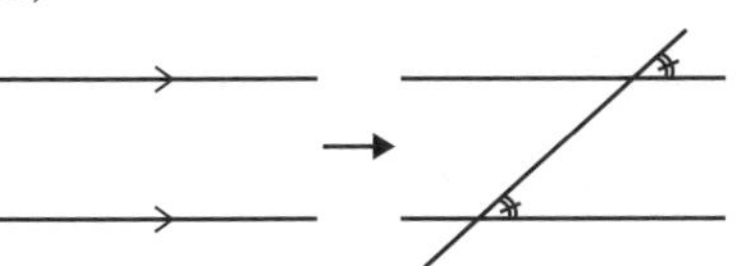

2　2 直線が平行ならば，
錯角 は等しい。

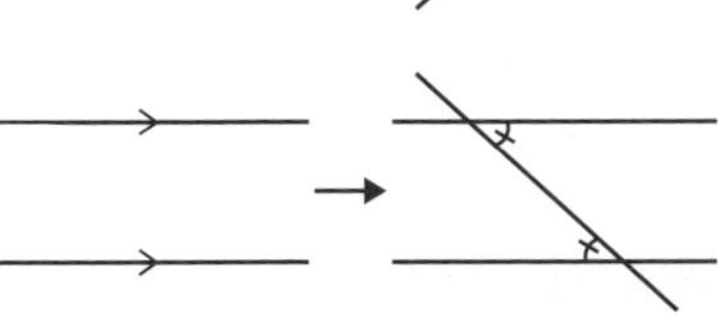

3 平行線であるための条件

□ 2 直線に 1 つの直線が交わるとき，

1　同位角 が等しければ，
その 2 直線は平行である。

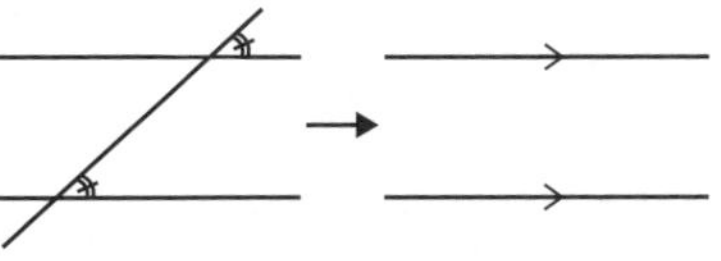

2　錯角 が等しければ，
その 2 直線は平行である。

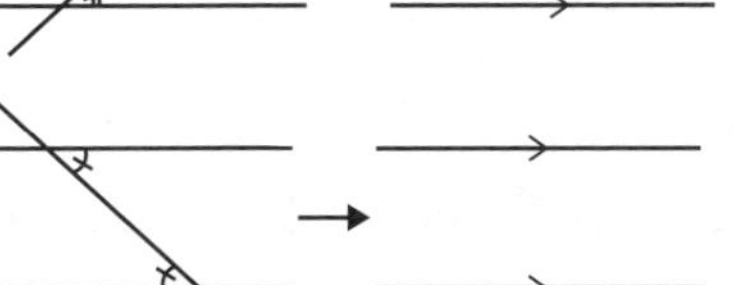

例　右の図で， 錯角 が等しいから，
$\ell /\!/ m$

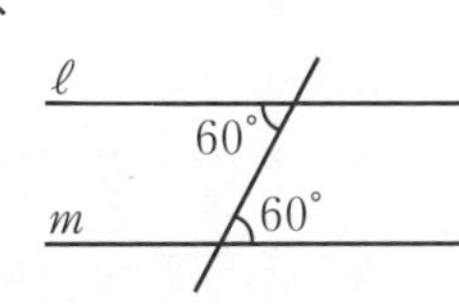

4章 平行と合同

1節 角と平行線
2節 図形の合同

教 p.104～117

1 重要 三角形の内角と外角の性質

□1　三角形の 3 つの内角の和は 180 °である。

□2　三角形の 1 つの外角は，それととなり合わない 2 つの内角の和 に等しい。

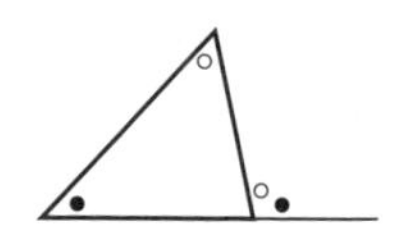

2 多角形の内角の和

□n 角形の内角の和は， $180^\circ \times (n-2)$ である。

例 八角形の内角の和は，

$180^\circ \times (n-2)$ に $n=$ 8 を代入すると，

$180^\circ \times (8-2) = 1080$ °

3 多角形の外角の和

□n 角形の外角の和は 360 °である。

4 合同な図形の性質

□合同な図形では，次の性質が成り立つ。

1　対応する 線分の長さ はそれぞれ等しい。

2　対応する 角の大きさ はそれぞれ等しい。

5 多角形が合同であるための条件

□辺の数が等しい 2 つの多角形は，次の 2 つがともに成り立つとき合同である。

1　対応する 辺の長さ がそれぞれ等しい。

2　対応する 角の大きさ がそれぞれ等しい。

教 p.118〜129

1 重要 三角形の合同条件

□ 2つの三角形は，次のどれかが成り立つとき合同である。

1 [3組の辺] がそれぞれ等しい。

AB＝A′B′
BC＝B′C′
CA＝C′A′

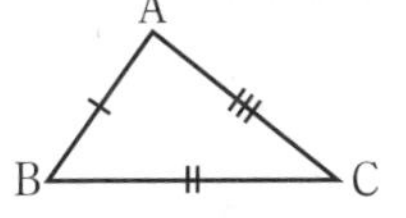

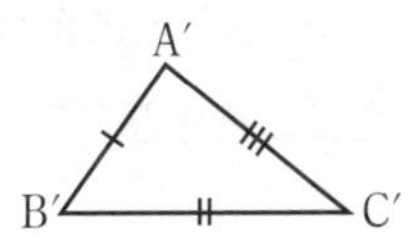

2 [2組の辺] と [その間の角] がそれぞれ等しい。

AB＝A′B′
BC＝B′C′
∠B＝∠B′

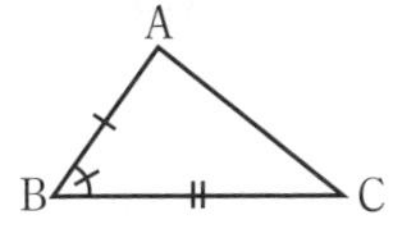

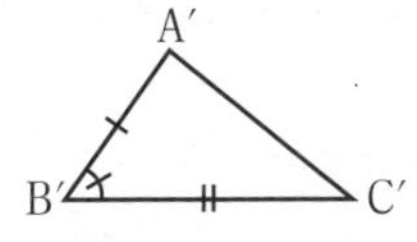

3 [1組の辺] と [その両端の角] がそれぞれ等しい。

BC＝B′C′
∠B＝∠B′
∠C＝∠C′

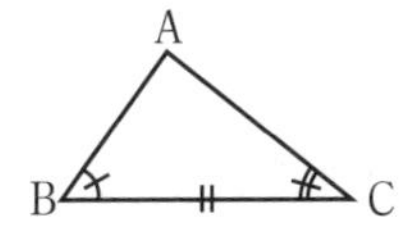

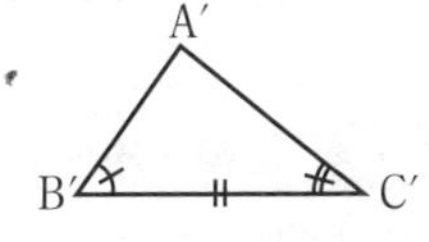

2 仮定と結論

□「a ならば b」のように表したとき，a を [仮定]，b を [結論] という。

例 「$A=B$ ならば $A+C=B+C$」
ということがらでは，「[$A=B$]」が仮定で，
「[$A+C=B+C$]」が結論である。

□証明(しょうめい)をするときは，結論が成り立つ [理由] を，[仮定] から出発してすじ道を立てて述べなければならない。そこで，初めに，証明すべきことがらの [仮定] と [結論] をはっきりさせる必要がある。

教 p.136～147

1 二等辺三角形

□（定義）2 つの 辺 が等しい三角形を二等辺三角形という。

□二等辺三角形の 2 つの 底角 は等しい。

□二等辺三角形の頂角（ちょうかく）の二等分線は，
　底辺 を垂直に二等分する。

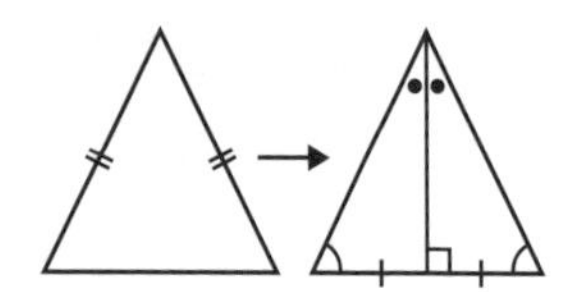

2 二等辺三角形であるための条件

□ 2 つの角が等しい三角形は 二等辺三角形 である。

3 正三角形

□（定義）3 つの 辺 が等しい三角形を正三角形という。

□正三角形の 3 つの 角 は等しい。

4 重要 直角三角形の合同条件

□ 0° より大きく 90°（直角）より小さい角を 鋭角 といい，90° より大きく 180° より小さい角を 鈍角 という。

□ 2 つの直角三角形は，次のどちらかが成り立つとき合同である。

1　斜辺（しゃへん）と 他の 1 辺 がそれぞれ等しい。

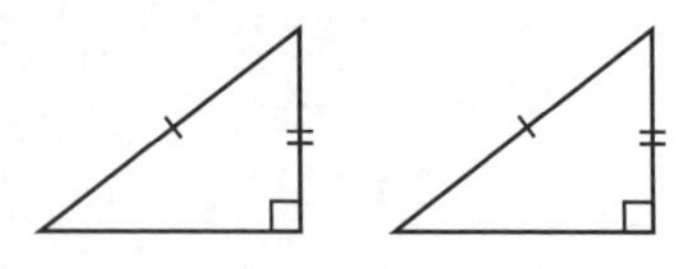

2　斜辺と 1 鋭角 がそれぞれ等しい。

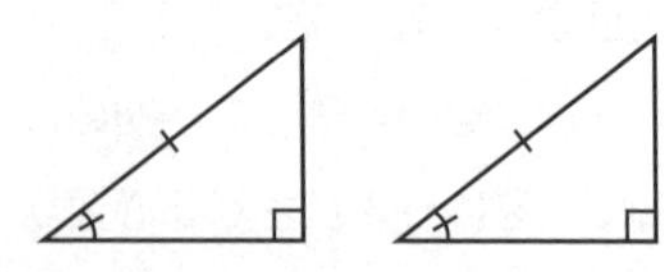

教 p.148～155

1 平行四辺形の性質

□(定義) 2 組の対辺がそれぞれ 平行 な四角形を平行四辺形という。

□平行四辺形の性質

1　平行四辺形の 2 組の 対辺 はそれぞれ等しい。

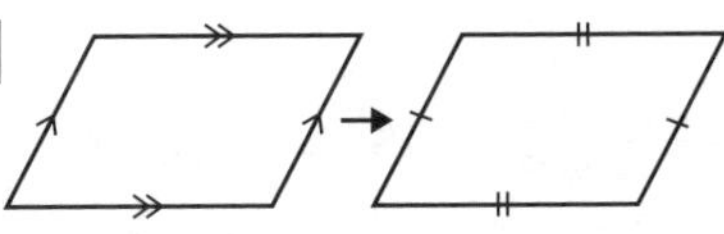

2　平行四辺形の 2 組の 対角 はそれぞれ等しい。

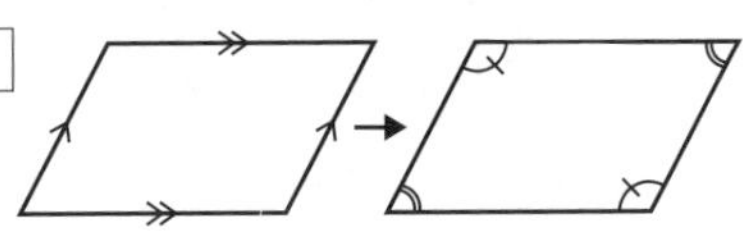

3　平行四辺形の 2 つの対角線はそれぞれの 中点 で交わる。

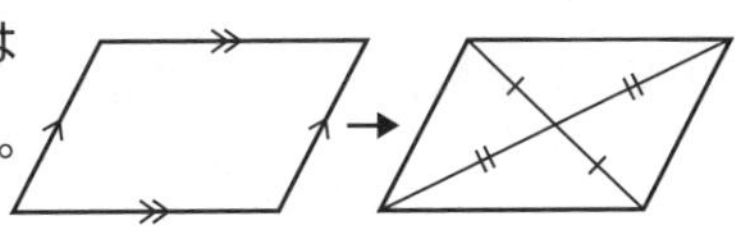

2 重要 平行四辺形であるための条件

□四角形が平行四辺形であるためには，平行四辺形の定義，または次の定理 1 ～ 4 のどれかが成り立てばよい。

定義　2 組の 対辺 がそれぞれ平行である。

定理　四角形は，次のどれかが成り立つとき平行四辺形である。

1　2 組の 対辺 がそれぞれ等しい。

2　2 組の 対角 がそれぞれ等しい。

3　2 つの対角線がそれぞれの 中点 で交わる。

4　1 組の対辺が 平行で等しい 。

例　四角形 ABCD が，AB∥CD，AB＝2cm，CD＝2cm のとき，上の 定理４ から四角形 ABCD は平行四辺形であるといえる。

教 p.156〜161

1 ひし形，長方形，正方形の定義

□ 4 つの辺が等しい四角形を ひし形 という。

□ 4 つの角が等しい四角形を 長方形 という。

□ 4 つの辺が等しく，4 つの角が等しい四角形を 正方形 という。

2 重要 四角形の対角線の性質

□ひし形の 2 つの対角線は 垂直である 。

□長方形の 2 つの対角線は 長さが等しい 。

□正方形の 2 つの対角線は 垂直で，長さが等しい 。

3 平行四辺形，ひし形，長方形，正方形の関係

□

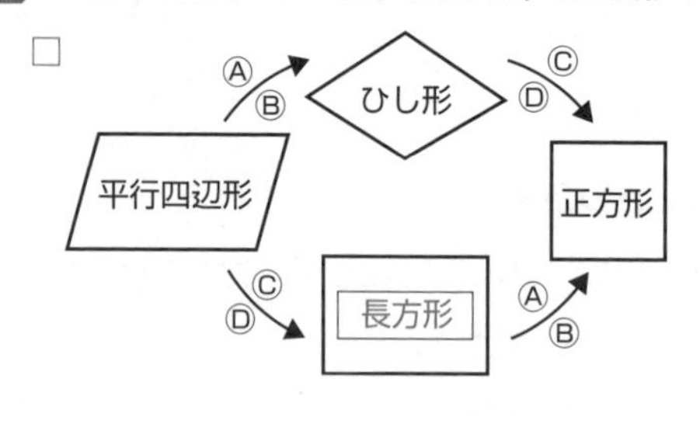

Ⓐ 1 組のとなり合う辺を 等しく する。

Ⓑ 対角線を垂直にする。

Ⓒ 1 つの角を直角にする。

Ⓓ 対角線の長さを等しくする。

4 平行線と面積

□右の図で，$\ell /\!/ m$ のとき，△ABC と △A′BC は底辺 BC が共通で，高さ h と h' が等しいから，△ABC＝△ A′BC

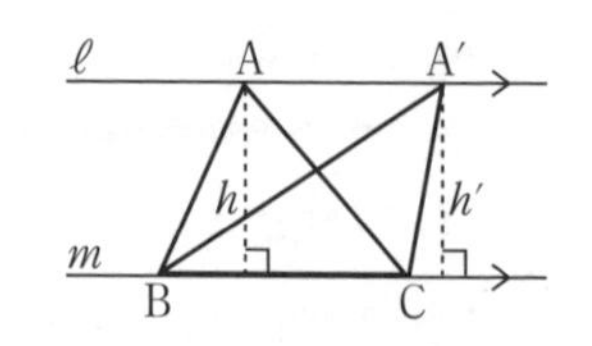

6章 データの比較と箱ひげ図

1節 箱ひげ図

教 p.170～175

1 四分位数と四分位範囲

□データを大きさの順に並べ，4 等分した位置にある値(あたい)を 四分位数 という。

四分位数(しぶんいすう)は，小さい方から順に， 第 1 四分位数 ， 第 2 四分位数 ， 第 3 四分位数 という。 第 2 四分位数 は中央値である。

□(四分位範囲)＝(第 3 四分位数)－(第 1 四分位数)

2 重要 箱ひげ図

□最小値，最大値，四分位数を使って，データの分布を表した図を 箱ひげ図 という。

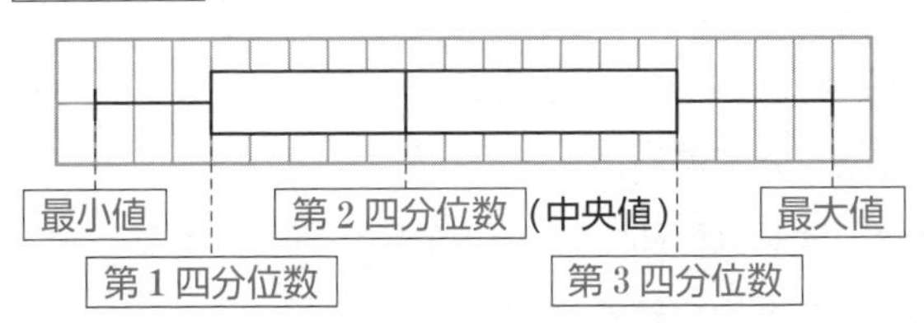

□箱ひげ図における範囲と四分位範囲

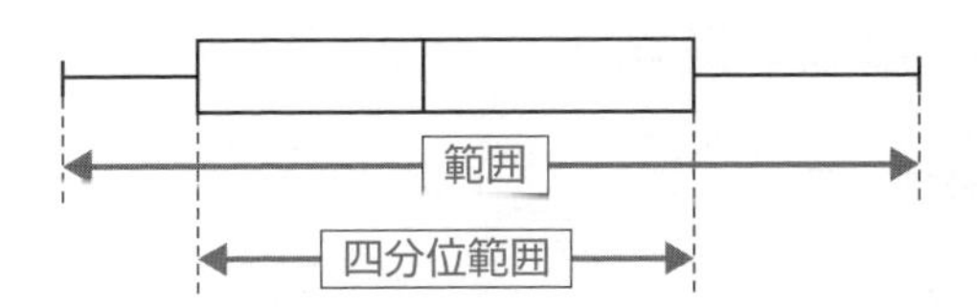

□データの分布のようすを比べるとき， 範囲 はかけ離(はな)れた値の影(えい)響(きょう)を受けるが， 四分位範囲 はその影響を受けにくい。

教 p.184～192

1 重要 確率とその求め方

□起こり得る場合が全部で n 通りあって，そのどれが起こることも同様に確からしいとする。

そのうち，ことがらAの起こる場合が a 通りあるとき，Aの起こる確率 p は次のようになる。

$$p=\boxed{\frac{a}{n}}$$

□あることがらの起こる確率を p とすると，確率 p の値(あたい)の範囲(はんい)は次のようになる。

$$\boxed{0}\leqq p\leqq\boxed{1}$$

□「確率が $\boxed{1}$ である」ことは，そのことがらが必ず起こるということであり，「確率が $\boxed{0}$ である」ことは，そのことがらが絶対に起こらないということである。

|例| 赤玉2個，黄玉3個がはいっている箱から玉を1個取り出すとき，玉の取り出し方は全部で $\boxed{5}$ 通りだから，

・赤玉が出る確率は，$\boxed{\frac{2}{5}}$

・色のついた玉が出る確率は，$\boxed{\frac{5}{5}}=\boxed{1}$

・白玉が出る確率は，$\boxed{\frac{0}{5}}=\boxed{0}$

2 あることがらの起こらない確率

□一般(いっぱん)に，ことがらAの起こらない確率は，次のように求めることができる。

(Aの起こらない確率)$=\boxed{1}-($ $\boxed{\text{Aの起こる確率}}$ $)$